Dipl. Ing. Dipl.Wirt.Ing. Oliver Berndt

Dipl. Inf. Christian Brestrich

Rechnungsprozesse optimieren

Ein Handbuch für die Praxis

2. Auflage

B&L Management Consulting GmbH

FSC
www.fsc.org
MIX
Papier aus verantwortungsvollen Quellen
Paper from responsible sources
FSC® C105338

ISBN 978-3-00-042913-2

2. Auflage im Mai 2014,

Schutzgebühr 49,00€ inkl. 7% MwSt.

Umschlagbilder: Anatoly Maslennikov, Fotolia

Vorwort

B&L gestaltet seit vielen Jahren den „Elektronischen Rechnungstag" (siehe www.rechnungstag.de). Entstanden ist die Veranstaltung durch das verstärkte Interesse an den neuen Technologien für den Rechnungsaustausch. Der Austausch per eMail, die automatische Erkennung der Inhalte und die elektronische Rechnungsfreigabe eröffnen vielfältige neue Möglichkeiten der Prozessoptimierung.

Diese Veranstaltung besteht aus einem Seminartag und einem anschließenden Konferenztag. Während in dem Seminar die prinzipiellen Möglichkeiten strukturiert vermittelt werden, treten am Konferenztag Anwender namhafter Unternehmen auf und berichten über die praktischen Erfahrungen, die sie bei der Optimierung ihrer Prozesse gemacht haben. Ergänzt wird dies durch die fundierte Darstellung der rechtlichen Gegebenheiten eines Wirtschaftsprüfers sowie einer Diskussionsrunde, in der die Teilnehmer untereinander über ihre Erfahrungen berichten.

Das vorliegende Buch ist aus dieser Veranstaltung entstanden und gibt im Wesentlichen die Inhalte des Seminartages wieder. Da das Thema umfangreich ist, kann auch eine eintägige Veranstaltung nicht alles behandeln. Teilweise umfasst dieses Buch somit auch Aussagen, für die im Seminar die Zeit fehlte.

Die zweite Auflage unterscheidet sich von der Ersten durch mehrere Aktualisierungen und Ergänzungen im Detail. Dies betrifft vor allem die Normierung zu ZUGFeRD, die Behandlung von Hybridformaten und die Ergänzung eines Glossars. Als zusätzlichen Autor konnten wir unseren Berater Christian Brestrich gewinnen.

Die Berater der B&L Management Consulting GmbH beraten im Rechnungswesen seit über 20 Jahren produkt- und anbieterneutral. Weitere Informationen zu unseren Leistungen und zum Unternehmen finden sich unter http://www.bul-consulting.de/

Inhaltsverzeichnis

1 Management Zusammenfassung

Es ist mittlerweile bekannt, dass in den Rechnungsprozessen erhebliche Einsparungspotenziale zu finden sind. Letztlich ist dies auch nicht verwunderlich, denn 70 – 80% aller Rechnungen werden immer noch in Form von Papier ausgetauscht.

Das heißt die Rechnungsdaten sind durch den Ausdruck zunächst für den Rechnungsempfänger, der die Daten in seiner IT benötigt, nicht verwertbar, sondern müssen mühsam erneut erfasst werden.

Somit liegt es nahe, sich einerseits damit zu beschäftigen, ob die Daten der Papierrechnung automatisch entnommen werden können (Scannen und Erkennen) oder ob auf das Papier gänzlich verzichtet werden kann (elektronische Rechnung).

Dabei handelt es sich in erster Linie um eine organisatorische und erst in zweiter Linie um eine technische Herausforderung. Dies gilt vor allem für den Rechnungseingang. Dort sind unabhängig von der Technik anzustreben:

- Zentraler Rechnungseingang
- Hoher Anteil Rechnungen mit Bestellbezug
- Hohe Übereinstimmung Bestell- und Rechnungsdaten
- Reduktion der Anzahl unterschiedlicher Lieferanten

Da zukünftig Rechnungen nicht mehr nur als Papier eingehen, sondern elektronische Rechnungen im Interesse des Empfängers sind, muss der Prozess unabhängig vom Eingangsformat gestaltet werden.

Wann immer möglich, sollten elektronische Rechnungen genutzt werden. Dies bedeutet die Nutzung von EDI mit bekannten Partnern und vielen Transaktionen und den Austausch per eMail mit unbekannten Partnern mit wenigen Transaktionen.

Soweit auch zukünftig ausreichend viele Papierrechnungen empfangen werden, empfiehlt sich die Optimierung des Prozesses über Scannen, Erkennen und Workflow. Wesentliche Herausforderungen sind dabei:

- Organisation zentrales Scannen und Erkennen
- Differenzierung verschiedener Rechnungsarten, z.B. bzgl. Bestellbezug
- Verifikation der Erkennung
- Datenabgleiche und Plausibilitätsprüfungen
- Organisation Rechnungsprüfung & -freigabe
- Akzeptanz bei den Freigebenden für Workflow
- Rechnungsbearbeitungsjournal

Der Einsatz der OCR-Technologie ist bei Volumina unter 10.000 Rechnungen p.a. kritisch zu prüfen. Die bei OCR erforderlichen automatischen Prüfungen und Abgleiche können und sollten jedoch auch für elektronische Rechnungen Verwendung finden.

Die Nutzung von spezialisierten Dienstleistern (Service Provider) hat vor allem bei dem Austausch von Rechnungsdaten Vorteile, sollte aber kein Dogma sein. Die Inhouse-Lösung ist bei ganz kleinen oder ganz großen Volumina zu bevorzugen. Wesentliche Gründe für die Einbeziehung von Dienstleistern sind:

- Reduktion der externen Abstimmungen und Schnittstellen
- Komplexität und Anpassungsbedarf auslagern
- Unterstützung beim „Onboarding" von Geschäftspartnern
- Kostentransparenz schaffen

Somit kommt der Auswahl des richtigen Dienstleistungspartners hohe Bedeutung zu. Neben der Abdeckung der funktionalen Anforderungen und der Anforderungen an Service & Support ist der Roaming-Bedarf bei elektronischen Rechnungen ein wichtiges Kriterium.

Dennoch sind auch bei der Einbeziehung von Dienstleistern wichtige organisatorische Entscheidungen zu fällen. Diese umfassen die Aufgabenteilung mit dem Dienstleister und die Service Level Agreements. Außerdem ist die Prüfung der Verfahrensdokumentation des Providers und des Kostenmodells sowie der Anpassungsmöglichkeiten erforderlich. Für den eigenen Anteil am Prozess ist die Erstellung der eigenen Verfahrensdokumentation erforderlich.

Die EU forciert elektronische Rechnungen über viele Initiativen. Die Vision der E-Invoice Expertengruppe bis 2020 umfasst:

- Strukturierte elektronische Rechnung als vorherrschendes Abrechnungsverfahren innerhalb der EU
- Einheitliche rechtliche und steuerliche Vorgaben
- Vielzahl standardisierter, kostengünstiger Lösungen

Die öffentlichen Verwaltungen in Österreich, Spanien, Finnland, Italien, Dänemark fordern schon heute generell elektronische Rechnungen. Weitere – z. T. ausgelaufene - Initiativen der EU sind:

- "European Electronic Invoicing Framework (EEIF)"
- Organisatorische Ziele, z.B. Code of Practice
- Datenaustausch: UNCEFACT Cross-Industry Invoice (V2)
- Pan-European Public Procurement On-line (PEPPOL)
- Single Euro Payments Area (SEPA)

Als nationaler Ansprechpartner für die EU dient in Deutschland das „Forum für elektronische Rechnungen in Deutschland (FeRD)". Es ist hochrangig mit Bundesministerien und Verbänden besetzt. Zur Cebit 2013 hat das FeRD mit „ZUGFeRD" eine Norm für Rechnungsdaten vorgestellt, die das Potenzial für einen wirklichen Standard hat. Die Norm wird vermutlich im Juni 2014 final verabschiedet und konnte bei Anbietern bereits eine breite Unterstützung erfahren.

Mittelfristig sind elektronische Rechnungen nicht aufzuhalten. Die Signatur ist seit dem 01.01.2013 in der gesamten EU optional. In Deutschland reicht bei elektronischen Rechnungen schon seit dem 01.07.2011 eine „ordentliche" Rechnungsprüfung, aber die Pflicht zur elektronischen Archivierung bleibt und die Verfahrensdokumentation wird noch wichtiger. Schließlich hat noch das Freiburger Öko-Institut berechnet, dass in Deutschland bei einem kompletten Umstieg auf elektronische Rechnungen 100.000 Tonnen CO_2 eingespart werden könnten.

Jedoch wird es auf absehbare Zeit weiterhin Papierrechnungen geben, auch wenn sie nicht mehr dominant sein werden. (Frühes) Scannen und ggf. OCR-Erkennung werden somit weiterhin benötigt und bieten heute schon einen Einstieg in den Datenabgleich, Freigabe-Workflow sowie die elektronische Archivierung, die langfristig Bestand haben.

Es besteht bereits ein großes Angebot an Produkten und Dienstleistungsangeboten, so dass ausreichende Auswahlmöglichkeiten bestehen. Aufgrund der vielfältigen Varianten und der Komplexität der Materie sind professionelle Konzeption und Projektmanagement erforderlich.

2 Überblick über die Inhalte und Einführung

Wir behandeln hier die Optimierungsmöglichkeiten sowohl aus Sicht des Rechnungsstellers als auch aus Sicht des Rechnungsempfängers, denn beide Prozesse sollten in allen Unternehmen vorkommen. Rechnungsempfang gibt es immer.

Obwohl dies eigentlich zwei völlig separate Prozesse sind, ergibt sich durch die Beschäftigung mit beiden Seiten ein größeres Verständnis für die Situation des Geschäftspartners. Bei den notwendigen Abstimmungen kann man so schneller zu einer Einigung kommen.

Außerdem sind viele Aspekte für beide Seiten gleichermaßen relevant. Beispielsweise müssen sich beide auf Formate einigen, die der Rechnungssteller erzeugen und der Rechnungsempfänger lesen kann. Wie wir noch sehen werden, geht dies weit über eine Festlegung auf z.B. PDF hinaus.

Anschließend behandeln wir ausführlich die organisatorischen Aspekte der Eingangsrechnung. Danach widmen wir uns den eher technischen und betrieblichen Themen. Allerdings werden wir sehen, dass z.B. die Entscheidung für die Einbindung von Dienstleistern nicht nur betriebliche und technische, sondern auch eine Reihe organisatorischer Aspekte hat. Auf diese Wechselwirkungen werden wir daher mehrfach hinweisen.

Als Gliederungshilfe nutzen wir jeweils eine idealtypische Vorgehensweise und widmen uns in den einzelnen Phasen den Fragen, die dort jeweils zu beantworten sind.

2.1 Einsparpotenziale

Viele Studien zeigen, dass sowohl für Rechnungssteller als auch für Rechnungsempfänger erhebliche Einsparungen möglich sind. Dies fängt an bei Raum- und Materialeinsparungen durch Scannen bis zu besserer Skonto-Nutzung durch schnellere Prozesse. Gerne gehen die Anbieter mit Einsparpotenzialen von mehr als 70% für die rein elektronische Variante hausieren. Auch wenn dies sicher nicht auf jedes Unternehmen ohne weiteres zu übertragen ist, so zeigt die Erfahrung aus vielen Projekten, dass sich die Investitionen in die Optimierung der Rechnungsprozesse relativ schnell amortisieren und dass Einsparungen im Bereich 40% bis 50% doch sehr realistisch sind.

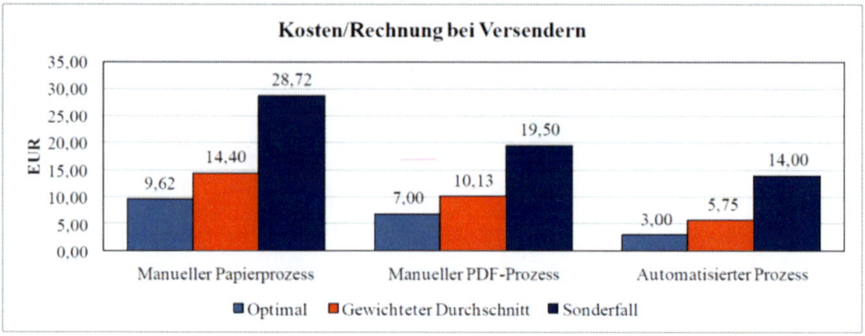

Abbildung 1: Einsparpotenziale bei Rechnungssteller
(Quelle: Billentis)

Dabei geht es nicht nur um Portokosten auf der einen Seite und Erfassungskosten auf der anderen Seite. So wichtig diese Aspekte auch sein mögen, so sind die indirekten Effekte häufig viel bedeutsamer. Beim Rechnungssteller kann das der frühere Zahlungseingang (immer wieder bezweifelt, aber das ist so) oder die Fehlerreduktion sein.

Denn für Rechnungssteller und für Rechnungsempfänger gilt, je weniger manuelle Tätigkeiten involviert sind, desto geringer die Fehlerrate und damit auch die Folgekosten zur Behebung dieser Fehler. Das Beratungshaus Bonpago hat 2007 in einer Untersuchung der Finanzprozesse deutscher Unternehmen u.a. festgestellt, dass ein erheblicher Kostenblock bei beiden Partnern durch die Reklamationsbearbeitung verursacht wird und dass 20% der Rechnungsreklamationen formale Mängel als Ursache haben.

Beim Rechnungsempfänger ist vor allem die bessere Transparenz über die im Unternehmen kursierenden Forderungen ein wesentlicher Aspekt, auch wenn sich dieser – wie die Fehlerreduktion - häufig nicht direkt monetär bewerten lässt.

Tendenziell zeigen jedoch alle Studien, dass die Einsparmöglichkeiten beim Rechnungsempfang noch einmal deutlich besser sind als bei der Rechnungsstellung. Dies ist auch leicht nachzuvollziehen, weil die Prozesse typischerweise komplexer und langwieriger sind. Der einfache und schnelle Transport, die bessere Zusammenarbeit und die problemlose Nachvollziehbarkeit kommen so mehrfach zum Tragen. Kosteneinsparungen von 50% bis 60% sind bei einer Vollkostenrechnung gut erreichbar.

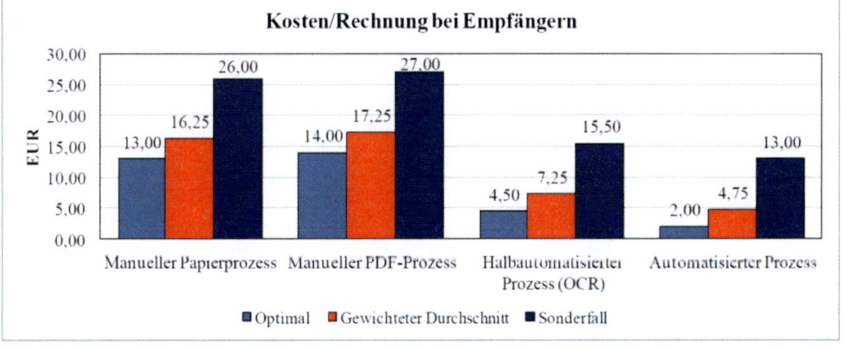

Abbildung 2: Einsparpotenziale bei Rechnungsempfänger
(Quelle: Billentis)

2.2 Marktsituation

Trotz dieser guten ROI-Werte dominieren weltweit und auch in Deutschland sowie Österreich bisher noch die rein papierbasierten Prozesse.

Ganz anders sieht dies in Skandinavien aus. Der primäre Grund liegt in pragmatischeren Sichtweisen und weniger regulativen Vorgaben, speziell bzgl. der Signaturen. Zumindest bzgl. der regulativen Vorgaben sind wir bereits seit dem 01.07.2011 mit dem Steuervereinfachungsgesetz in Deutschland auf einem ähnlichen

Stand. Seit dem 01.01.2013 gelten diese Vereinfachungen für ganz Europa.

Aber nicht nur Vereinfachungen, sondern auch klare und handhabbare Vorgaben können ein Erfolgsrezept sein. So hat die Schweiz in der letzten Dekade – trotz des Signaturerfordernisses – eine große Durchdringung bei der elektronischen Rechnungsstellung erreicht. Dabei legt die Schweiz den Fokus vor allem auf die Daten und weniger auf das Dokument.

2.3 Rechnungsaustauschverfahren

Generell lassen sich – neben dem klassischen Austausch von Papier – drei elektronische Verfahren für die Übertragung der Rechnung vom Rechnungssteller zum Rechnungsempfänger differenzieren. Auch aus diesem Grund gab es in der Vergangenheit immer wieder Missverständnisse, wenn von elektronischen Rechnungen geredet wurde. Wir werden uns mit allen Varianten beschäftigen, weil auch die klassische Papiervariante beim Rechnungsempfänger mit Scannen & Erkennen optimierbar ist.

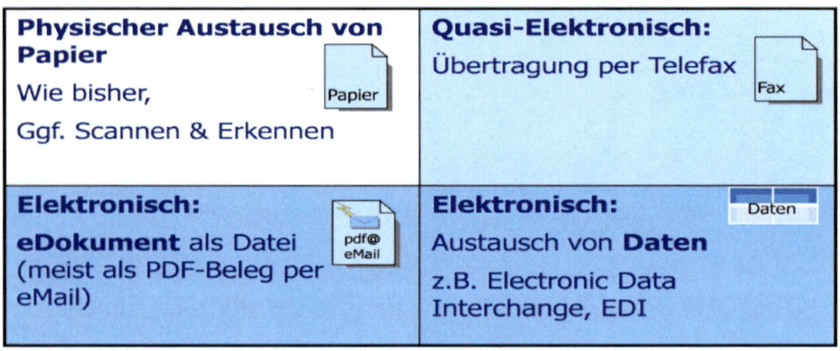

Abbildung 3: Rechnungsaustauschverfahren

Telefax

In Deutschland spielt die Fax-Variante keine große Rolle. Sie ist je nach Empfangsmedium (Papier oder elektronisches Fax) mit der Papiervariante vor bzw. nach dem Scannen vergleichbar und wird seit dem 1.7.2011 auch rechtlich wie Papier behandelt.

EDI, Electronic Data Interchange

EDI ist ein seit langem etabliertes Verfahren, welches aber nur bei hohen Austauschvolumina und mit bekannten Geschäftspartnern sinnvoll einsetzbar ist. In diesen Fällen hat es bereits eine große Verbreitung gefunden.

Dokument-Datei

Für alle Lieferanten und Kunden mit denen nur wenige Rechnungen ausgetauscht werden, bietet sich der Austausch einer elektronischen Rechnung in Form einer Datei an. Meist erfolgt dies als PDF-Anhang an einer normalen eMail.

Der Gesetzgeber macht bewusst keine Vorgabe über den zu wählenden Übertragungsweg.

2.4 Eignung der Verfahren

Welches Verfahren für ein Unternehmen geeignet ist, hängt ab von:

- der Anzahl Geschäftspartner
- der Menge der auszutauschenden Rechnungen je Geschäftspartner
- der Größe der Geschäftspartner

Kurz: Als kleines Unternehmen, das wenige Produkte im Internet-Shop verkauft (oder kauft), kenne ich meine Partner nicht genau und werde für die Datenübertragung keine Anpassungen meiner Infrastruktur vornehmen können und wollen.

Für ein großes Unternehmen, das mit wenigen großen Partnern viele Rechnungstransaktionen tätigt, lohnt sich die Vereinbarung einer organisatorischen und technischen Schnittstelle, um für beide Seiten einen möglichst durchgängigen und weitestgehend automatisierbaren Prozess auf Basis des Datenaustausches zu realisieren.

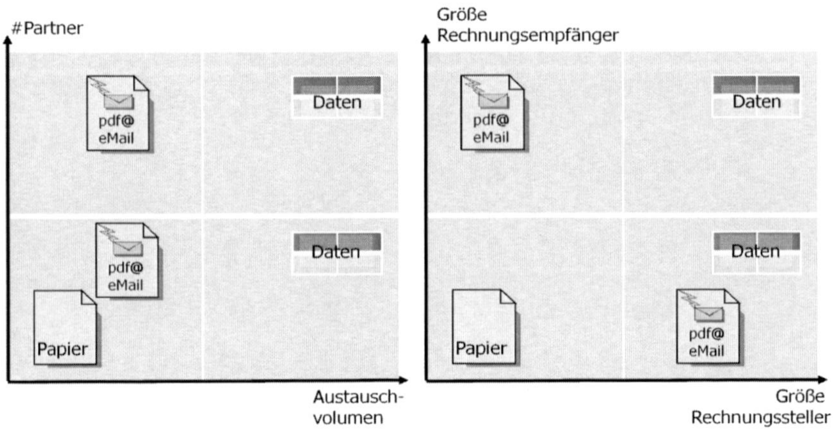

Abbildung 4: Eignung in Abhängigkeit von Menge und Partner

Als mittleres oder großes Unternehmen habe ich typischerweise einige wenige Partner mit denen ich viele Rechnungen austausche und viele kleinere, mit denen ich wenige Rechnungen austausche. Entsprechend sind meist mehrere Verfahren parallel zu betreiben. Das gilt sowohl für die Rechnungsstellung als auch für den Rechnungsempfang.

Direkter Datenaustausch der IT mit kleinen oder vielen Partnern bleibt schwierig, so lange kein allgemein verbindlicher Datenstandard etabliert ist. Der große Vorteil der PDF-Rechnung per eMail ist die universelle Verwendbarkeit. Der große Nachteil: Sie ist für den Empfänger nur interessant, wenn er sich durch den elektronischen Weg das Scannen spart, d.h. nur wenn er schon scannt. Ansonsten ist die elektronische Rechnung ohne Daten eher lästig.

3 Rechtliche Randbedingungen

3.1 UStG, HGB, AO generell

In Deutschland sind speziell im §14 UStG einige formale Anforderungen an Rechnungen gestellt, inkl. Pflichtangaben je Rechnung. Die Beachtung von §14 UStG ist wichtig, weil sonst gemäß §15 nachträglich der Vorsteuerabzug in Frage gestellt werden kann, was zu erheblicher Kostenbelastung führen kann.

In Handelsgesetzbuch (HGB) und Abgabenordnung (AO) sind verschiedene Vorgaben für die Aufbewahrung zu finden, die in den Grundsätzen ordnungsmäßiger DV-gestützter Buchführungssysteme (GoBS) konkretisiert sind. Die Vorgaben in HGB und Abgabenordnung sind teilweise wortgleich. Für die Steuerprüfung ist vor allem die AO von Bedeutung. Dort sind die §§ 145 bis 147 und §200 für uns von Bedeutung, weil sie sich mit Aufzeichnungs- und Aufbewahrungspflichten beschäftigen. All diese Vorgaben sind seit langem bekannt und gelten unabhängig vom Übertragungsweg. Sie sind somit generell zu beachten.

- Rechnung ist jedes Dokument, mit dem über eine Lieferung oder sonstige Leistung abgerechnet wird, gleichgültig, wie dieses Dokument im Geschäftsverkehr bezeichnet wird.
- Die Echtheit der Herkunft der Rechnung, die Unversehrtheit ihres Inhalts und ihre Lesbarkeit müssen gewährleistet werden.
- Jeder Unternehmer legt fest, in welcher Weise die Echtheit der Herkunft, die Unversehrtheit des Inhalts und die Lesbarkeit der Rechnung gewährleistet werden. Dies kann durch jegliche innerbetriebliche Kontrollverfahren erreicht werden, die einen verlässlichen Prüfpfad zwischen Rechnung und Leistung schaffen können.
- Rechnungen sind auf Papier oder vorbehaltlich der Zustimmung des Empfängers elektronisch zu übermitteln.
- Eine elektronische Rechnung ist eine Rechnung, die in einem elektronischen Format ausgestellt und empfangen wird.

Abbildung 5: Auszug §14 UStG, Absatz 1

3.2 GoBS, GDPdU

Die Vorgaben der GoBS definieren Anforderungen bzgl. Ordnungsmäßigkeit, Unveränderbarkeit, Lesbarkeit etc., um damit dem Unternehmen die Sicherheit für eine eventuelle Wirtschafts- und Steuerprüfung zu geben. Teilweise werden die Anforderungen auch unter dem Begriff „revisionssichere Archivierung" zusammengefasst.

Die GDPdU (Grundsätze zum Datenzugriff und zur Prüfbarkeit digitaler Unterlagen) haben hingegen die Aufgabe, durch systematische Auswertung Aspekte in den Daten aufzudecken, die auf Buchführungsfehler hinweisen. Sie sind somit der „Metalldetektor" für die Nadel im Heuhaufen.

Während die GDPdU bei eingehenden Papierrechnungen keine direkte Anwendung finden, sondern nur eine indirekte auf die Buchungsdaten, werdendie elektronischen Rechnungen als „originär elektronische Daten" direkt von den GDPdU erfasst. Obwohl es – wegen der Auswertbarkeit - eigentlich nur um strukturierte Daten (also in Tabellenform, wie bei EDI, XML etc.) gehen sollte, wird der Begriff von den Finanzbehörden sehr weit interpretiert. Wer sichergehen will, hält also die für die PDF-Rechnung auch für die GDPdU bereit.

Speziell bei EDI-Daten ist es aus technischen Gründen üblich, diese zwischen Rechnungssteller und Rechnungsempfänger ein- oder mehrmals zu konvertieren. In diesem Fall sind die Versionen vor und nach der Konvertierung sowie der Konvertierungsalgorithmus zu archivieren, um den gesamten Prozess ggf. nachstellen zu können.

Was, wann, wie konvertiert, geprüft, weitergeleitet und archiviert wird, ist generell in der „Verfahrensdokumentation" zu beschreiben, die gemäß GoBS ohnehin seit 1995 immer erforderlich ist.

3.3 Zukunft von GoBS und GDPdU

Bei den GoBS handelt es sich um eine Konkretisierung der Anforderungen von HGB und AO, die von der AWV (Arbeitsgemeinschaft für wirtschaftliche Verwaltung e.V.) erarbeitet wurden. Die GoBS wurden mit BMF-Schreiben vom 7. November 1995 bekannt gegeben und erhielten damit auch die offizielle Anerkennung des Bundesministeriums der Finanzen. Die GDPdU hingegen wurden ausschließlich durch das BMF erstellt und publiziert.

Die GoBS bedürfen einer Anpassung an die heutigen Gegebenheiten. Die AWV hat die entsprechende Aktualisierung „Grundsätze ordnungsmäßiger Buchführung beim IT-Einsatz", GoBIT getauft und wieder beim BMF eingereicht. Anders als 1995 und anders als von der AWV gewünscht, hat das BMF die GoBIT jedoch nicht „abgesegnet", sondern einen eigenen Entwurf unter dem Titel „Grundsätze zur ordnungsmäßigen Führung und Aufbewahrung von Büchern, Aufzeichnungen und Unterlagen in elektronischer Form sowie zum Datenzugriff", GoBD[1] publiziert, der auch die GDPdU enthält und zu dem im Mai und August 2013 Stellungnahmen eingeholt wurden. Vor allem der Verfahrensdokumentation wird dabei zunehmende Bedeutung beigemessen.

Die Kritik von AWV, BITKOM und Verbänden der Wirtschaft sowie der Steuerberater ist dabei sehr grundsätzlich. Im Detail werden die Vorgaben auch in den Insiderforen sehr kontrovers diskutiert. Im September 2013 fand eine entsprechende Anhörung statt. Derzeit (April 2014) kann daher nicht gesagt werden, wie die genauen Formulierungen dieser Vorgaben zukünftig aussehen werden. Wichtig ist aber zu beachten, dass es sich bei allen Entwürfen um Aktualisierungen. Interpretationen, Erläuterungen und Konkretisierungen der bestehenden, generellen Vorgaben aus HGB und Abgabenordnung handelt.

Die generelle Tendenz ist ohnehin nicht, dass Anforderungen wegfallen. Das Institut der Wirtschaftsprüfer (IDW) formuliert:

---

[1]GoBD = Grundsätze zur ordnungsmäßigen Führung und Aufbewahrung von Büchern, Aufzeichnungen und Unterlagen in elektronischer Form sowie zum Datenzugriff

„Der Entwurf des BMF-Schreibens zu den GoBD stellt aus Sicht des IDW eine wesentliche Verschärfung der Rechtslage zu Lasten des Steuerpflichtigen dar." (Quelle: Offener Brief an das BMF vom 02.05.2013).

3.4 UStG und elektronische Rechnungen

Aufgrund der Änderung der EU-Mehrwertsteuersystem-Richtlinie zur „Gleichbehandlung von Papier und elektronischer Form", ist die Signatur seit dem 1.1.2013 europaweit optional.

2011 wurde der Absatz 1 des §14, UStG wegen des Steuervereinfachungsgesetzes überarbeitet. Dabei hat man gleich die neue EU-Richtlinie mit eingearbeitet, so dass in Deutschland bereits seit dem 1.7.2011 keine Signatur mehr erforderlich ist.

Ob sich alle EU-Mitgliedsländer an die neuen Vorgaben halten (speziell die Mittelmeeranrainer) bleibt abzuwarten. Generell gehen wir im internationalen Vergleich von einer zukünftig noch größeren Heterogenität der Rechnungsstellung aus.

Allerdings sind auch in Deutschland nach dem 1.7.2011 zwei zusätzliche Anforderungen für elektronische Rechnungen geblieben:

- Der Empfänger muss dem elektronischen Austausch zustimmen (bei EDI über die geforderte Vereinbarung automatisch gegeben).

  Zustimmungserfordernis des Empfängers ist sinnvoll, weil viele – vor allem kleine - Unternehmen noch nicht auf die Veränderung der Prozesse, z.B. bzgl. der elektronischen Archivierung vorbereitet sind. Zustimmung kann durch schlüssiges Handeln, also z.B. durch Bezahlen der Rechnung, erfolgen.

  Wir empfehlen jedoch, in jedem Fall eine Vereinbarung abzuschließen. Man sollte nicht auf das Unwissen seiner Kunden setzen, weil es unfair ist und dann auch jederzeit widerrufen werden kann. Damit ist der Einsparungseffekt dahin.

- Elektronische Rechnungen müssen elektronisch archiviert werden (bei EDI bereits seit 2001 mit Einführung GDPdU).

  Das beliebte Ausdrucken und Abheften einer PDF-Rechnung ist steuerrechtlich nach wie vor verboten, weil es sich um einen „originär elektronischen" Beleg handelt, der entsprechend elektronisch aufzubewahren ist, weil er nur dann elektronisch ausgewertet werden kann. Dies wurde auch noch einmal durch das Bundesfinanzministerium klargestellt (Fragen und Antworten des BMF).

  Wiederum gibt es keine technische Vorgabe, (obwohl das BMF beispielhaft CD/DVD als Speicher erwähnt, was eher irreführend ist), sondern nur die Anforderung, dass GoB und GDPdU für die volle Aufbewahrungszeit zu erfüllen sind.

Bis zum 01.07.2011 mussten somit auch in Deutschland elektronische Rechnungs**belege** mit einer qualifizierten Signatur versehen werden, um Integrität und Authentizität zu gewährleisten. Obwohl es nun keine technischen Vorgaben für die elektronische Rechnung mehr gibt, wird dennoch die Sicherstellung der Integrität (Unversehrtheit des Inhalts) und der Authentizität (Echtheit der Herkunft) gefordert. Wichtig wird dies vor allem dann, wenn Vereinfachungen im Prozess eingeführt werden.

Dies kann auch bestehende EDI-Prozesse treffen. Wenn beispielsweise die - bisher immer noch häufig anzutreffende – EDI-Sammelrechnung entfallen soll, weil sie seit dem 01.01.2009 aufgrund des Steuerbürokratieabbaugesetzes nicht mehr benötigt wird, bekommen die EDI-Daten eine andere Bedeutung. Vorher war die Sammelrechnung die steuerlich relevante Grundlage, nun sind es die EDI-Daten selbst, die vorher nur „Buchungshilfe" waren. Somit müssen nun die EDI-Daten sämtliche Pflichtangaben enthalten und auch entsprechend der GoBS archiviert werden.

3.5 Elektronische Signatur

Elektronische Signaturen dürfen weiterhin verwendet werden. Da sie nicht mehr verpflichtend sind, gibt es naturgemäß auch keine weiteren Vorgaben für die Art der Signatur oder die Archivierung von Signaturen.

Konsequenterweise wurden mit dem BMF-Schreiben vom 14.09.2012 die speziellen Anforderungen an die Prüfbarkeit elektronischer Signaturen aus den GDPdU entfernt. Die sonstigen Vorgaben, z.B. bzgl. der Aufbewahrung elektronischer Rechnungen, bleiben davon aber unberührt.

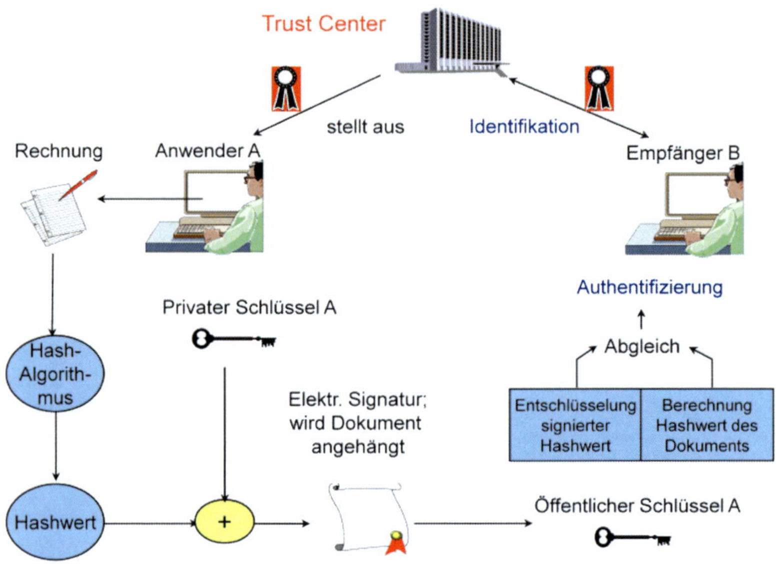

Abbildung 6: Grundprinzip der elektronischen Signatur

Die Grafik verdeutlicht schematisch das Signaturverfahren. Dabei wird aus dem Inhalt der Rechnung eine Art Prüfsumme (Hashwert) gebildet, die mit einem personenspezifischen Schlüssel verschlüsselt wird. Das resultierende Objekt, inkl. weiterer personenbezogener Daten eines „Zertifikats", bildet die Signatur, die entweder parallel oder integriert in die Rechnung übertragen wird.

Auf der Gegenseite erfolgt der umgekehrte Prozess. Die Prüfsumme wird entschlüsselt und mit einer erneut berechneten Prüfsumme verglichen. Stimmen beide überein, ist der Nachweis erbracht, dass auf dem Weg keine Veränderung vorgenommen wurde. Der Gesetzgeber spricht von „Unversehrtheit". Wichtig: Es wird immer wieder behauptet, die Signatur verhindere eine Veränderung. Dies ist nicht richtig. Sie macht sie nur sichtbar. Wenn dies bei der Steuerprüfung erfolgt, ist es meist zu spät, um den Mangel zu „reparieren".

Um auch die Authentizität (Herkunft) sicherzustellen, erfolgt automatisch ein Abgleich der empfangenen personenbezogenen Daten mit der ausstellenden Organisation, dem Trust Center (laut Gesetz: „Zertifizierungsdiensteanbieter").

Die weitere Verwendung von Signaturen macht Sinn, wenn:

- die Prozesse ohnehin etabliert sind und keine nennenswerten Kosten dafür anfallen.
- Authentizität und Integrität auf dem Übertragungsweg gesichert werden sollen, was evtl. die Prüfung beim Empfänger erleichtert.
- Rechnungen mit Ländern ausgetauscht werden, die weiterhin Signaturen verlangen.

Wenn man signierte Rechnungen empfängt, macht auch die Prüfung der Signatur weiterhin Sinn, weil man dadurch zusätzliche Sicherheit bzgl. des Übertragungsweges erhält.

3.6 Rechtliche Anforderungen an strukturierte Daten

Sobald Daten übertragen werden, wird Electronic Data Interchange, also EDI angewendet. Das entspricht zwar (noch) nicht dem allgemeinen Verständnis, letztlich lassen sich aufgrund der heutigen technologischen Möglichkeiten die tradierten Abgrenzungen aber nicht aufrechterhalten. EDI hängt weder davon ab, dass ein EDIFACT-Standard benutzt wird, noch davon, dass ein bestimmtes Kommunikationsverfahren angewendet wird. Schaut man in aktuelle Definitionen, sind sie entsprechend unscharf und es wird klar, dass jeglicher Austausch strukturierter Rechnungsdaten ein EDI-Verfahren darstellt.

Für die Praxis ist lediglich die Unterscheidung zwischen Beleg und (strukturierten) Daten wichtig. Beides *kann* die formale Rechnung darstellen, wenn aber beides übertragen wird, muss immer eindeutig sein, welches Objekt die formale Rechnung darstellt. Entweder ist der Beleg die Rechnung (egal in welchem Format und wie übertragen), dann sind die Daten nur „Buchungshilfe". Oder die Daten sind die formale Rechnung (dann müssen sie die Vorgaben des UStG erfüllen) und der Beleg ist nur „Visualisierungshilfe".

Die saubere Handhabung und Nachvollziehbarkeit ist sehr wichtig, weil sonst immer die Gefahr besteht, dass beim Empfänger die gleiche Rechnung zweimal gebucht und gezahlt wird, und der Empfänger auch zweimal Vorsteuer zieht. Speziell auf den letzten Punkt legt der Steuerprüfer besonderes Augenmerk. Gerade bei dem elektronischen Austausch kann, z.B. durch das wiederholte Senden einer PDF-Rechnung, sehr schnell die Situation entstehen, in der der Empfänger mehrfach dieselbe Rechnung vorliegen hat. Entsprechende Prüfungen auf vorhandene Rechnungsnummern je Lieferant sind somit essenziell.

Sind die Daten nur „Buchungshilfe" (der Beleg ist also die formale Rechnung), stellt der Gesetzgeber keine besonderen Anforderungen. Es ist vielmehr im Interesse des Rechnungsempfängers, sicherzustellen, dass Daten und Beleg übereinstimmen. Ist jedoch der Datensatz die formale Rechnung, so empfiehlt es sich, sich an den Vorgaben des UStG für EDI zu orientieren, unabhängig davon, ob hier EDI-Standards, EDI-Kommunikationsverfahren oder EDI-Komponenten im engeren Sinn implementiert wurden.

Unabhängig vom Format könnten wir somit immer dann von EDI reden, wenn die Daten und nicht der (PDF-)Beleg die formale

Rechnung darstellen. Dennoch kann für die bessere Lesbarkeit ein PDF geliefert oder beim Empfänger erzeugt werden. Dies ist aber eine unverbindliche Zusatzinformation (Visualisierungshilfe).

Um Missverständnisse zu vermeiden, verwenden wir hier den Begriff EDI dennoch nicht in dieser generellen Bedeutung, sondern sprechen nur davon, dass strukturierte Rechnungsdaten übertragen werden (unabhängig von Format und Kommunikationsstandard).

3.7 Rechtliche Randbedingungen EDI

Auch in der seit dem 1.7.2011 geltenden Fassung des UStG ist EDI als eigenes Verfahren aufgeführt. Der Gesetzgeber setzt hier auf etablierte Verfahren, die es so für die einfache eMail-Kommunikation noch nicht gibt.

Gefordert ist bei EDI eine Vereinbarung gemäß der „EU-Vorgabe EG Nr. L 338". Dementsprechend sind zu beschreiben:

- Gültigkeit und Zustandekommen des Vertrages
- Beweiszulässigkeit
- Verarbeitung(sfristen) und Empfangsbestätigung
- Sicherheit von EDI-Nachrichten
- Vertraulichkeit und Schutz personenbezogener Daten
- Aufzeichnung und Speicherung der Nachrichten
- (Organisatorische) Betriebsanforderungen
- Technische Spezifikationen
- Haftung und weitere juristische Punkte

Entsprechende Mustervereinbarungen finden sich auch im Internet. Letztendlich handelt es sich dabei um den Teil der Verfahrensdokumentation, der die organisatorische und technische Schnittstelle zwischen den Partnern beschreibt. Das läßt sich daher auch als Teil der immer geforderten

Einverständniserklärung vereinbaren. Diese Beschreibung ist somit sinnvoll, auch wenn es sich nicht um EDI im engeren Sinne, sondern nur um den elektronischen Austausch "strukturierter Rechnungsdaten" handelt.

Die Rechnung als strukturierter Datensatz ist in der Schweiz und seit 2013 auch in Österreich ohnehin favorisiert. Der große Vorteil ist, dass schließlich die Daten in die Buchhaltung einfließen und somit eine Abweichung zwischen Beleg und Daten von vorneherein ausgeschlossen ist. Die große Herausforderung ist, dass es zwar viele Normen (darauf kommen wir später), aber keinen verbindlichen Datenstandard gibt, weder national noch international. Nationale Alleingänge sind zu erwarten und erschweren damit den internationalen Austausch. Beneidenswert sind damit die Unternehmen, die in der Lage sind, ihre eigene Entscheidung bei den Geschäftspartnern durchzusetzen.

3.8 Verlässlicher Prüfpfad gemäß §14 UStG

Als Ersatz für die Signatur formuliert das UStG jetzt:

„Jeder Unternehmer legt fest, in welcher Weise die Echtheit der Herkunft, die Unversehrtheit des Inhalts und die Lesbarkeit der Rechnung gewährleistet werden. Dies kann durch jegliche innerbetriebliche Kontrollverfahren erreicht werden, die einen verlässlichen Prüfpfad zwischen Rechnung und Leistung schaffen können."

Es stellt sich somit die Frage: Wie kann ich diesen „verlässlichen Prüfpfad" nachweisen?

Diese Verbindung ist für die Steuerbehörden essenziell bei der Prüfung auf Umsatzsteuerbetrug. Dieses Delikt führt in der EU jährlich zu erheblichen Schäden und ist eigentliche Ursache für die gesamten Regulierungsbemühungen der letzten Jahre. Somit ist zu zeigen, dass die Rechnung auf einer konkret stattgefundenen Geschäftstransaktion basiert.

Die Kanzlei Peters, Schönberger und Partner, München (PSP) hat dazu beispielhaft die in der Abbildung dargestellten Fragen formuliert. Wenn diese bei dem eigenen Prozess bejaht werden können, kann man laut PSP von einem verlässlichen Prüfpfad ausgehen.

1. *Ist der Aussteller der Rechnung (mithin Erbringer der Leistung) bekannt?*
2. *Wurden von diesem Rechnungsaussteller Lieferungen oder Leistungen bezogen und wird somit eine Rechnung erwartet?*
3. *Sind sämtliche Angaben auf der Rechnung (insbes. USt-ID-Nummer/Steuernummer, Anschriften, Firmierung, Bankverbindung) korrekt? Können diese Daten fehlerfrei gegen die eigene Stammdatenbank abgeglichen werden?*
4. *Wurde die ausgewiesene Lieferung/Leistung in korrekter Art, Menge und Preis bezogen? Lässt sich das mit Lieferscheinen, Wareneingängen abgleichen?*
5. *Sind alle gesetzlich geforderten Pflichtangaben auf der Rechnung enthalten?*
6. *Ist die Rechnung rechnerisch korrekt?*

Abbildung 7: Checkliste Verlässlicher Prüfpfad
(Quelle: Kanzlei PSP)

Erleichtert wird dies natürlich dann, wenn Bestellung und Wareneingang vorhanden sind. Eine Erhöhung des Anteils der Rechnungen mit Bestellbezug erhöht somit auch die Verlässlichkeit der Rechnungsprüfung.

Die Konkretisierung der Anforderung und die Interpretation des BMF finden sich in den BMF-Schreiben vom 02.07.2012 (bzgl. UStG) und vom 14.09.2012 (bzgl. GDPdU). Das Fazit aus diesen Schreiben ist, dass jegliche elektronische Übertragung möglich ist, sofern eine „solide" Rechnungsprüfung die Gültigkeit der Rechnung und die Existenz einer tatsächlichen Geschäftstransaktion belegt. Letztlich läuft es also auf eine „ordentliche" Rechnungsprüfung hinaus, wie sie in den meisten Unternehmen ohnehin gang und gäbe ist.

3.9 Verfahrensdokumentation

Die Vorgaben der GoBS gelten bereits seit 1995 und werden in den heutigen Prozessen auch weitestgehend beachtet. Lediglich die ebenfalls geforderte Verfahrensdokumentation wurde bisher häufig vernachlässigt und auch von den Behörden nicht forciert. Dies war nachvollziehbar, solange die Prozesse einfach und transparent waren. Jeder weiß einen Leitz-Ordner zu handhaben.

Mit zunehmender Verlagerung der Aktionen in die IT gibt es jedoch viel mehr Möglichkeiten und Varianten der Prozessgestaltung. Damit ist das Verfahren nicht mehr einfach und transparent. Bei der Vielzahl der modernen Möglichkeiten benötigt der „sachverständige Dritte" zunächst einen Überblick über die Organisation, das eingesetzte Verfahren und die beteiligten technischen Komponenten. Somit zeigt auch die Praxis der Steuerprüfung, dass vermehrt nach der Verfahrensdokumentation gefragt wird.

Die Verfahrensdokumentation zeigt, wie der organisatorische und technische Prozess die folgenden Vorgaben der GoBS erfüllt:

- Ordnungsmäßigkeit
- Vollständigkeit
- Nachvollziehbarkeit
- Prüfbarkeit
- Sicherheit des Gesamtverfahrens
- Schutz vor Veränderung und Verfälschung
- Sicherung vor Verlust
- Nutzung nur durch Berechtigte
- Einhaltung der Aufbewahrungsfristen

- Dokumentation des Verfahrens

Letztendlich ist dieses Dokument somit auch für das Unternehmen (und für Wirtschaftsprüfer) sehr hilfreich, wenn es effizient erstellt und gepflegt werden kann. Wenn die eigenen Prozesse transparent und nachvollziehbar sind, lässt sich das Tagesgeschäft im Personalbereich und im IT-Betrieb deutlich besser bewältigen. Hinzu kommt die Sicherheit bei Auditierung, Wirtschafts- und Steuerprüfung. Vor diesem Hintergrund ist die Verfahrensdokumentation nicht eine leidige Pflicht, sondern eine Ergänzung zu den meist ohnehin schon vorhandenen Dokumentationen.

Die Unternehmen scheitern jedoch an der Komplexität, die aus unterschiedlichen Verantwortlichkeiten und aus zunehmenden organisatorischen und technischen sowie internen und externen Abhängigkeiten bzw. Änderungen resultiert.

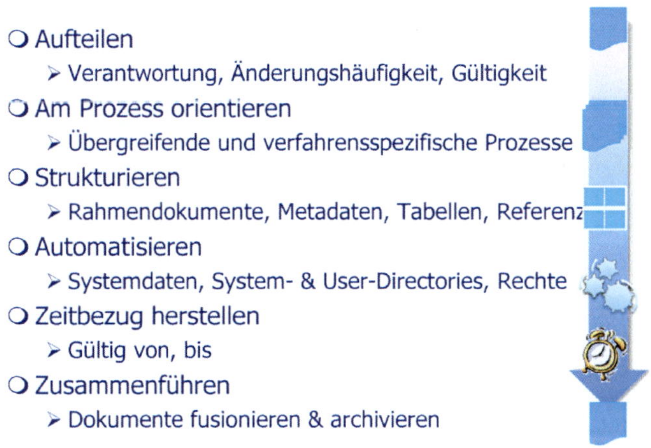

Abbildung 8: B&L-Ansatz für Verfahrensdokumentation

So entstehen eine Vielzahl von Einzeldokumenten in verschiedenen Ablagen und mit unterschiedlicher Gültigkeit sowie Aktualität. Hinzu kommen einerseits große Redundanzen der Beschreibung, andererseits aber auch Lücken aus Prozesssicht und eben keine Transparenz der Zusammenhänge bzw. Abhängigkeiten.

Selbst wenn eine aktuelle Verfahrensdokumentation erstellt wurde, führen mangelnde Ressourcen der Know-how-Träger und die heutige Dynamik schnell zu einer Überalterung des Werkes.

In der B&L-Praxis hat sich daher ein Ansatz bewährt, der die jeweils Verantwortlichen in die Dokumentation aktiv einbezieht und alles automatisiert, was automatisierbar ist (ein Großteil der technischen Angaben). Die resultierenden Teildokumente werden über ein Dokumenten-Management-System verwaltet und zu bestimmten Meilensteinen, z.B. Ende des Geschäftsjahres, wiederum zu einem Gesamtdokument verschmolzen.

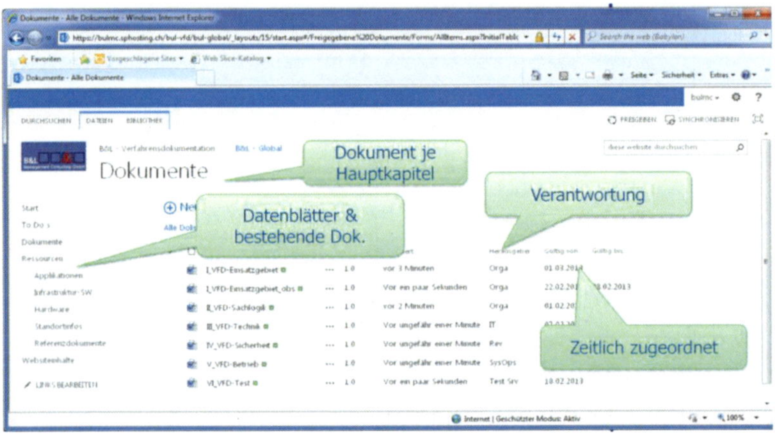

Abbildung 9: Beispiel B&L-Verfahrensdokumentation

So lässt sich diese Dokumentation mit wenig Aufwand aktuell halten und kann daher ihren Nutzen entfalten.

4 Globaler Rechnungsaustauschprozess

Doch wie soll das Verfahren nun aussehen, welches rechtlich einwandfrei ist, und wie kann es im Einzelnen gestaltet werden? Mit den zunehmenden Möglichkeiten durch die elektronische Übertragung ergeben sich aber auch zusätzliche Entscheidungsbedarfe, beispielsweise die erwähnte Entscheidung bzgl. des formalen Rechnungsobjektes. Wichtig ist auch die Frage, ob Dienstleister einbezogen werden sollen, und wenn ja, für welche Aufgaben? Was bei elektronischer Übertragung zwingend und was optional zu gestalten ist, zeigt die Grafik.

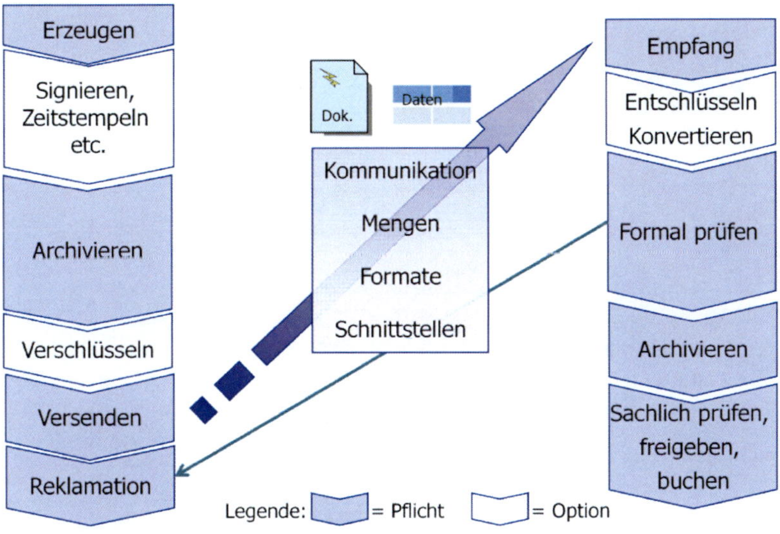

Abbildung 10: Globaler Rechnungsaustauschprozess

Diesen Fragen wollen wir uns im Folgenden für die Seite des Rechnungsstellers und des Rechnungsempfängers widmen. Häufig wird von den Verantwortlichen aufgrund der eigenen Zuständigkeit nur eine Seite betrachtet. Letztendlich handelt es sich aber um einen organisatorisch-technischen Prozess, der nur funktionieren kann, wenn sich beide Seiten auf ein Verfahren geeinigt haben. Simples Beispiel: Wenn wegen der Vertraulichkeit verschlüsselt gesendet werden soll, muss der Empfänger in der Lage sein, nach dem gleichen Verfahren zu entschlüsseln.

4.1 Potenzialanalyse als Vorstudie

Wie der Prozess sinnvollerweise aussehen kann und wie sich dann die Wirtschaftlichkeit darstellt, lässt sich zunächst in einer so genannten „Potenzialanalyse" als Vorstudie ermitteln.

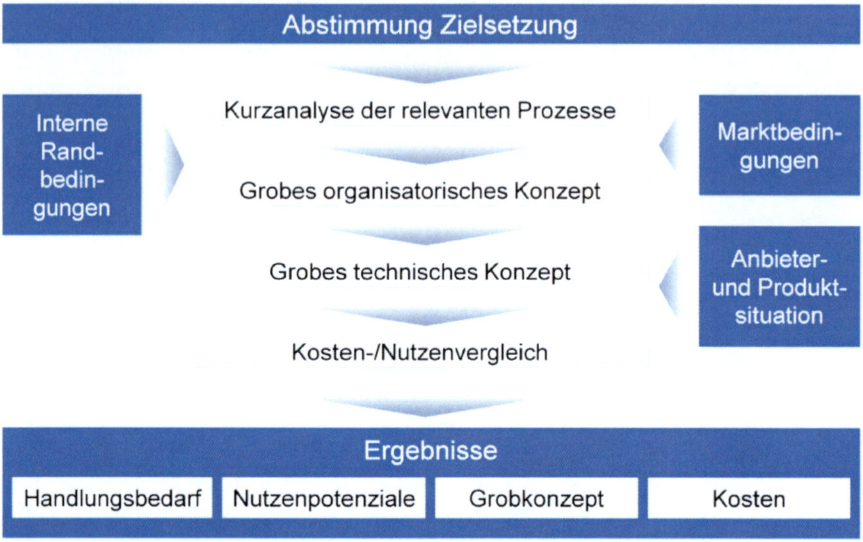

Abbildung 11: B&L-Methode „Potenzialanalyse"

Ziel der Potenzialanalyse ist nicht nur die Ermittlung des differenzierten Handlungsbedarfes für evtl. verschiedene Rechnungsprozesse, sondern auch das Aufzeigen eines Lösungsansatzes und die Bewertung des erwarteten Ergebnisses im Hinblick auf diese Erfolgsfaktoren, inkl. der unternehmensspezifischen Wirtschaftlichkeit.

Häufig wird sie im Sinne einer Vorstudie als Vorbereitung zur endgültigen Projektentscheidung und Budgetfestlegung durchgeführt. Ziele der Potenzialanalyse sind im Einzelnen:

- Nutzenpotenziale der Technologie in anvisierten Bereichen identifizieren
- Übergreifende Betrachtung unter den gegebenen Randbedingungen des Kunden und des Marktes, inkl. der rechtlichen Möglichkeiten
- Identifizierung von Einflüssen auf die Machbarkeit, inkl. Akzeptanzfaktoren
- Identifizierung der wichtigsten Anforderungen und grobe Konzeption eines Lösungsansatzes
- Kosten- und Nutzenvergleich

Hier wollen wir nun davon ausgehen, dass eine Projektentscheidung bereits gefallen ist und nun die einzelnen Phasen genauer betrachten. Wir werden uns daher zunächst der Sicht des Rechnungssteller und dann der des Rechnungsempfänger widmen.

4.2 Einbindung von Dienstleistern

Sowohl für die Erstellung von elektronischen wie von Papierrechnungen als auch für das Scannen & Erkennen und die Datenkonvertierung gibt es auf dem Markt ein umfangreiches Dienstleistungsangebot. Große Teile des Prozesses können damit „outgesourced" werden. Sofern nicht bereits entsprechende IT-Systeme implementiert wurden, sollte somit kritisch hinterfragt werden, ob die Lösung unbedingt „Inhouse" implementiert werden muss. Vor allem, weil zukünftig verstärkt Rechnungsdaten ausgetauscht werden sollen, sich dafür aber noch kein Standard etabliert hat, bietet sich die Verlagerung dieses Problems auf Dienstleister an.

Eine möglichst frühzeitig zu fällende Grundsatzentscheidung betrifft daher die mögliche Einbindung von Dienstleistern. Diese Frage stellt sich in sehr ähnlicher Form sowohl für den Rechnungssteller als auch für den Rechnungsempfänger. Wir behandeln sie daher hier zusammenfassend, bevor wir uns im Detail mit den unterschiedlichen Prozessen von Sender und Empfänger in eigenen Kapiteln befassen.

4.2.1 Dienstleistungen für Rechnungssteller

Wird auf ein elektronisches Verfahren umgestellt, so muss der Rechnungssteller damit rechnen, dass bei den Rechnungsempfängern eine große Heterogenität der IT-Systeme und der Eingangsrechnungsbehandlung besteht. Fragt der Rechnungssteller seine Rechnungsempfänger nach ihren Wünschen, so erhält er vielfältige Anforderungen bzgl. der gewünschten Belegformate, Datenformate, ggf. Signaturformate und Kommunikationsverfahren. Speziell für die Datenformate gibt es keinen allgemein genutzten Standard, sondern nur ganz viele Normierungen. Die Datenformate sind aber für den Rechnungsempfänger der eigentliche Nutzenaspekt, wie wir später noch sehen werden.

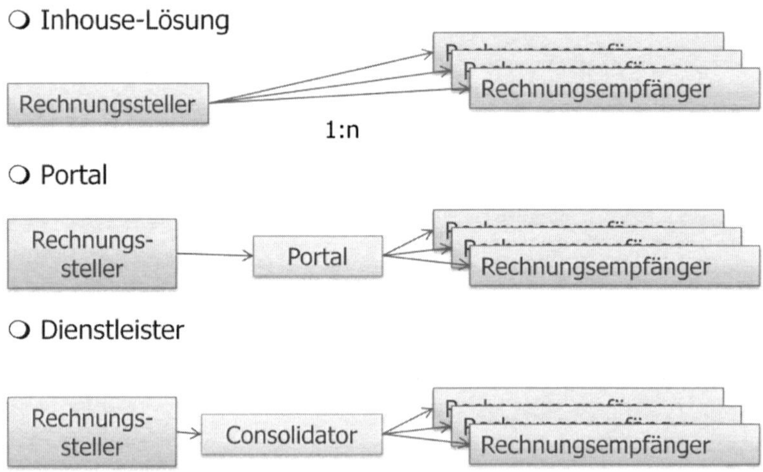

Abbildung 12: Inhouse- versus Dienstleister-Lösung

Eine solche 1:n Beziehung führt aber auch leistungsfähige IT-Abteilungen schnell in Kapazitätsengpässe. Deshalb bietet es sich an, dieses Thema an spezialisierte Dienstleister auszulagern. In diesem Fall hat der Rechnungssteller nur eine Schnittstelle zu seinem Dienstleister, über die er alle Rechnungsempfänger erreicht. Für eventuell notwendige Konvertierungen sorgt der Dienstleister, denn dies gehört zu seinem Kerngeschäft.

Nahezu alle Aufgaben des Rechnungsaustausches können heute auf Dienstleister ausgelagert werden. Vom einfachen Web-Portal mit Up- und Download bis zu hochgradig spezialisierten Konvertern und Branchenlösungen existiert ein breites Angebot, das je nach Unternehmensgröße optimal angepasst werden kann.

Teilweise werden die Rechnungserstellung aus den Daten, der gesamte Versand, inkl. Papierversand und auch Signaturerstellung/-prüfung sowie die Archivierung sämtlicher Objekte angeboten.

Sender	Direkte Kunden-anbindung	Direkte Anbindung Provider	Druckdaten an Service Provider	Upload auf Portal Service Provider	Online-Erfassung Provider-portal	Online-Erfassung Kunden-portal
Rech./ Kunde*	X.000 p.a.	X00 - X.000 p.a.	99 – X00 p.a.	99 – X00 p.a.	1 - 99 p.a.	1 - 99 p.a.
Kleinst-untern.	○ (rot)	○ (rot)	○ (gelb)	●	●	○ (gelb)
KMU	○ (gelb)	○ (gelb)	●	●	○ (gelb)	○ (rot)
Groß-konzern	●	●	●	○ (gelb)	○ (rot)	○ (rot)

Quelle: Prof. Tanner, swissDIGIN Legende: ● =gut geeignet ○ =eingeschränkt ○ =nicht geeignet

Abbildung 13: Eignung verschiedener Lösungen (Prof. Tanner, swissDIGIN)

Für kleinere Austauschvolumen werden durch die Dienstleister (manchmal auch durch größere Rechnungsempfänger) Portale angeboten, auf denen die Rechnungen präsentiert werden und für den Rechnungsempfänger in seinen benötigten Formaten abholbar sind. Für den Rechnungssteller gilt gleichermaßen, dass er nur eine Schnittstelle benötigt.

Angenehmer Nebeneffekt bei allen Dienstleisterlösungen ist, dass man auch sofort Vereinbarungen mit anderen Rechnungsempfängern treffen kann, die durch den Dienstleister versorgt werden, weil die Technik schon angepasst ist.

Es gibt verschiedene Varianten für die Einbindung von Dienstleistern, die in der Tabelle von swissDIGIN mit der direkten Kundenanbindung verglichen wurden.

Es wird dabei deutlich, dass die am besten geeignete Variante einerseits von dem Rechnungsvolumen abhängt, welches die Partner austauschen und andererseits davon, welche Unternehmensgrößen miteinander agieren. Bei größerem Austauschvolumen ist es wirtschaftlich und bei größeren Partnern auch machbar, die Prozesse stärker technisch zu unterstützen.

Zur Auswahl stehen dann:

- Direkte Anbindung der eigenen Technik an den Provider
- Übergabe der reinen Druckdaten an den Service Provider
- Upload von Beleg (ggf. auch Daten) auf das Portal des Service Providers
- Online-Erfassung im Portal des Providers
- Online-Erfassung im Portal des Kunden

Speziell die letzten beiden Varianten sind nur sinnvoll, wenn der Rechnungssteller ein KMU ist, denn er muss seine Rechnung ggf. zweimal erfassen. Einmal im Portal und einmal in seiner eigenen Buchhaltung. Das ist nicht nur doppelter Aufwand, sondern vor allem auch fehleranfällig.

4.2.2 Dienstleistungen für Rechnungsempfänger

Favorisiert der Rechnungssteller bestimmte Varianten, z.B. über Portale, so hat dies direkte Auswirkungen auf den Rechnungsempfänger, weil zu ermitteln ist, wie diese Infrastruktur in die eigenen Prozesse eingebunden werden kann.

Der größte Unterschied liegt in der Wertigkeit der Datenübermittlung. Während für den Rechnungssteller die Lieferung von Daten meist problemlos und nur ein zusätzlicher Kundenservice ist, ist die optimierte Verarbeitung der Rechnungsdaten für den Rechnungsempfänger häufig der Dreh- und Angelpunkt für die Prozessoptimierung. Die Prozessgestaltung muss somit vor diesem Hintergrund erfolgen.

Der größte Vorteil der Dienstleistungslösung liegt somit auch für den Rechnungsempfänger in der Möglichkeit, Rechnungen von vielen Lieferanten über eine Schnittstelle (1:1) zu bekommen. Die Anpassung an eine neue Schnittstelle und ein neues Format verursacht schnell Kosten bis zu 10 T€. Bei einer heterogenen Lieferantenstruktur kann davon ausgegangen werden, dass man nicht alle gewünschten Partner über eine Schnittstelle anschließen kann. Spezialisierte Dienstleister hingegen verfügen über entsprechende Anpassungen und Konverter für alle gängigen Formate sowie die Möglichkeit Felder beliebig aufeinander abzubilden (Mapping).

Die Fragestellung von Formaten und Schnittstellen ist zwar zunächst eine technische, dennoch hat sie erhebliche Auswirkungen auf den Prozess. Ob die Lösung mit oder ohne Dienstleister gestaltet werden soll, ist somit eine grundsätzliche Fragestellung, die nur gemeinsam zwischen Rechnungswesen und IT beantwortet werden kann.

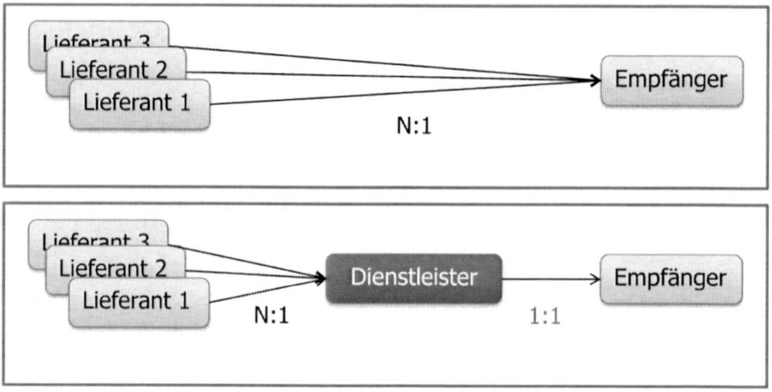

Abbildung 14: Consolidator auf Empfangsseite

4.2.3 Das „4-Corner-Model"

Natürlich bietet es sich an, seine Geschäftspartner möglichst für den eigenen Dienstleister zu begeistern, weil dann die gemeinsame Plattform gegeben ist, die vieles erleichtert. Mit der zunehmenden Verbreitung elektronischer Rechnungen ist das jedoch schon heute nicht mehr möglich, denn unsere Lieferanten bzw. Kunden haben schon ihre eigenen Dienstleister gefunden. Sie werden sich nicht ohne Not mit einem zusätzlichen Dienstleister befassen, weil auch für die Geschäftspartner die 1:1 Konstellation bei der Schnittstelle einer der Hauptvorteile ist.

Wichtig ist daher, dass auch die Dienstleister in der Lage (und Willens) sind, sich miteinander auszutauschen. Analog zu den Mobilfunknetzen spricht man hier von „Roaming" oder auch vom „4-Corner-Modell", bei dem die Dienstleister zusammen mit ihren jeweiligen Kunden die vier Ecken darstellen.

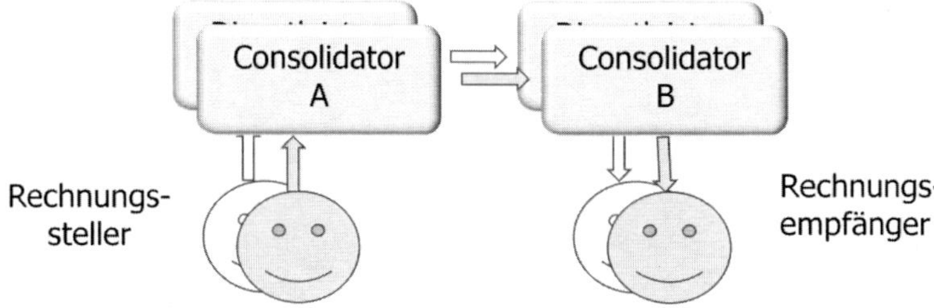

Abbildung 15: 4-Corner-Model

Somit müssen Rechnungssteller und Rechnungsempfänger lediglich mit ihren jeweiligen Dienstleistern entsprechende Vereinbarungen treffen. Roaming ist leider nicht so selbstverständlich wie beim Handy-Netz und sollte somit ein wichtiges Auswahlkriterium für den Dienstleister sein (siehe auch Roaming bei Dienstleistern).

Aufgrund der unterschiedlichen Austauschvarianten, der angebotenen Leistungen und der unterschiedlichen Anforderungen von Rechnungssteller und Rechnungsempfänger muss die Aufgabenteilung im 4-Corner-Modell klar geregelt sein. Dies ist mehr Organisation als Technik und der Hauptgrund, warum die Entscheidung für die Einbeziehung von Dienstleistern frühzeitig erfolgen muss.

Dabei geht es zunächst darum, welche Dienstleistungen in Anspruch genommen werden und die Regelung der entsprechenden Konsequenzen. Wenn der Dienstleister aus den Nettodaten den Beleg erzeugen soll, ist das Layout und ggf. das Update-Verfahren zu klären. Wenn der Dienstleister dabei aber nicht archivieren soll, sollte evtl. der versandte Beleg für die Archivierung zurückgesendet werden (rechtlich würden Nettodaten reichen, die aber wieder visualisiert werden müssen).

Wenn die Signatur weiter genutzt werden soll, kann sowohl Dienstleister „A" als auch „B" als zusätzlichen Service für den Kunden die Signaturprüfung übernehmen.

Zu bedenken ist, dass der Rechnungsempfänger die Herkunft sicherstellen muss, d.h., wenn die Rechnung über den Dienstleister kommt, muss klar sein, in welchem Auftrag diese Dienstleister handeln. Dies ist speziell bei der Signatur von Bedeutung, weil – aus rechtlichen Gründen - der Dienstleister mit seinem eigenen Zertifikat signieren muss.

Aufgabe	RS	DL A	DL B	RE
Rechnungsdaten und -beleg erzeugen	●	○	○	○
Rechnungsdaten und -beleg archivieren	●	○	○	○
Rechnungsbeleg signieren	○	●	○	○
Daten & Beleg empfangen, Vollständigkeit und Syntax prüfen, ggf. konvertieren	○	●	○	○
An Empfänger/Dienstleister kommunizieren	○	●	●	○
Ggf. Signatur prüfen & protokollieren	○	○	●	○
Daten konvertieren, Daten & Beleg an Rechnungsempfänger senden	○	○	●	○
Korrekte Angabe Rechnungsempfänger prüfen	○	○	○	●
Rechnung gegen Bestelldaten prüfen	○	○	○	●
Lieferant und Zahlungskonditionen gegen Stammdaten prüfen	○	○	○	●
Beleg, Daten, ggf. Signatur, Protokoll archivieren	○	○	○	●

Abbildung 16: Aufgabenteilung im 4-Corner-Model

Für all diese Punkte existieren heute Best-Practices, an denen man sich orientieren kann. Dennoch entsteht ein gewisser organisatorischer Aufwand für diese Diskussionen, der nicht zu unterschätzen ist.

Der große Vorteil bei der Einbeziehung von Dienstleistern: Ich führe einmal eine größere Diskussion und habe das Thema dann erledigt. Bei der direkten Anbindung der Rechnungsempfänger kommen die Themen teilweise auch auf den Rechnungssteller zu und müssen im Extremfall mit jedem Rechnungsempfänger besprochen werden.

Die dargestellte Tabelle kann als generelle Checkliste bei der Prozessgestaltung dienen.

4.2.4 Roaming bei Dienstleistern

Der Begriff „Roaming“ ist bewusst gewählt, weil die Zielsetzung vergleichbar mit dem Mobilfunk ist. So wie es bei dem Telefonieren per Handy ohne Belang ist, welchen Provider mein Gesprächspartner nutzt, so kann ich ihn doch einfach durch Wahl seiner Nummer erreichen. Das muss auch bei dem Rechnungsaustausch erreicht werden.

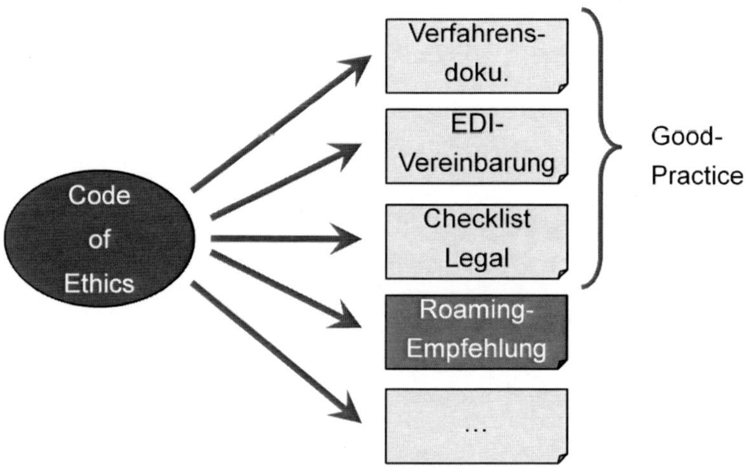

Abbildung 17: Code of Ethics des VeR

Dazu gibt es auf nationaler und internationaler Ebene Verbände (in Deutschland der VeR, Verband elektronische Rechnung), die für entsprechende Vereinbarungen und technische Standards gesorgt haben. Die Dienstleister verpflichten sich nicht nur auf einen technischen Standard, sondern auch auf eine Qualitäts-Richtlinie und einen „Code of Ethics", der sich auf den Umgang mit den Kunden bei der Zusammenarbeit von Wettbewerbern bezieht.

Eine Reihe von Anbietern unterstützen bereits diese Verfahren (siehe www.e-invoice-alliance.de). Roaming sollte somit ein wichtiges Auswahlkriterium für einen Dienstleister sein.

Derzeit baut der VeR vor allem sein nationales und internationales Netzwerk aus, so dass mehr und mehr Dienstleister angeschlossen sind, die sich den Vorgaben unterwerfen und den direkten Austausch zwischen ihren Kunden ermöglichen.

4.2.5 Kosten der Dienstleistungen

Kosten für den Aufbau und die Anpassung der eigenen Infrastruktur und interne Projektkosten lassen sich nicht allgemein nennen, sondern hängen sehr von der jeweiligen Situation, der zu beschaffenden Software und den notwendigen Anpassungen ab.

Demgegenüber bieten Dienstleister meist Kostenmodelle, die Handy-Verträgen (oder anderen Online-Services) ähneln und aus einmaligen, monatlichen und transaktionsbasierten Gebühren bestehen. Die transaktionsbasierten Kosten bewegen sich (je nach Volumen) meist im ein- oder zweistelligen Cent-Bereich je zu übernehmender Aufgabe. Gerade für geringe Volumina fährt man somit mit der Dienstleistungslösung häufig günstiger. Da die Transaktionskosten volumenabhängig sinken, müssen erfahrungsgemäß sehr große Rechnungsmengen ausgetauscht werden, um die Investitionen für den kompletten Neuaufbau einer Inhouse-Lösung zu rechtfertigen.

Jedoch, wenn der Dienstleister seine Infrastruktur auf Kundenwunsch anpassen muss, wird er die Kosten weiterbelasten. Für Definition und Umsetzung spezifischer Datenformate fallen schnell 10 Personentage für Beratung, Abstimmung und Anpassung an, die mit 800 – 1.000 € berechnet werden. Als einmalige

Kosten ist das eine vertretbare und übliche Größenordnung. Fallen diese Kosten jedoch für verschiedene Formatanpassungen vielfach an, ist der ROI schnell gefährdet. Generell gilt daher: Anpassungen und unübliche Konvertierungen der Daten sind die Kostentreiber bei Dienstleistungslösungen.

Diese Kosten lassen sich nur über wenige einheitliche Datenformate minimieren. Das gilt eben auch bei Einbeziehung von Dienstleistern. Denn wenn diese gezwungen sind, Anpassungen vorzunehmen, muss entweder der Rechnungssteller oder der Rechnungsempfänger die Kosten tragen.

4.2.6 Pro und Contra für Dienstleister

Es bleibt festzuhalten: Bei Bedarf können große Teile des Prozesses auf Dienstleister ausgelagert werden. Dies bringt erhebliche Vorteile, weil man auf bestehende Infrastrukturen und viel Erfahrung zurückgreifen kann. Somit kommt man mit geringer Investition, mit mehr Geschäftspartnern und früher zum Ziel.

Obwohl dies eher eine Frage der technischen und betrieblichen Umsetzung ist, sollte diese Entscheidung möglichst früh getroffen werden, weil sie erhebliche Auswirkungen auf die Prozessgestaltung hat.

	Direkte Kundenanbindung	Service Provider
Pro	• Unabhängigkeit von Dritten • Keine Weitergabe der Geschäftsdaten an Service Provider (Vertraulichkeit) • Flexibilität bzgl. Schnittstellen, Formate etc. • Ggf. günstiger bei großen Volumina • Nutzung bestehender Infrastruktur • Keine Transaktionskosten	• Schnellere Umsetzung • 1 Schnittstelle für N Kunden, ggf. auch international • Roll-out kann outgesourced werden • Zugriff auf spezialisiertes Know-how • Geringere Investition, Nutzung von Skaleneffekten bei kleineren Volumina
Con	• Aufwand für Pflege von N Schnittstellen • Zeitlicher Aufwand für Einrichtung • Projekt- & Infrastrukturkosten • Know-how über rechtliche Vorgaben (evtl. international) erforderlich	• Abhängigkeit vom Service Provider • Service Provider muss Roaming unterstützen • Validierung erfordert Datentransfer zum Dienstleister • Detaillierte Vereinbarung, Compliance Check erforderlich • Verfahrensdokumentation für eigenen Prozessteil dennoch erforderlich

Abbildung 18: Pro & Contra für Dienstleister

Natürlich hat die Einbindung eines Dienstleisters (Service Provider) nicht nur Vorteile. Es entsteht eine neue Abhängigkeit, das Verhältnis muss – wenn es nicht völlig transparent ist - an die Debitoren kommuniziert werden und es müssen Daten außer Haus gegeben werden, die durchaus sensible Informationen enthalten können.

Da Dienstleister im allgemeinen transaktionsbasierte Gebührenmodelle haben, kann dies – trotz erheblicher Rabattstaffeln – bei sehr großen Volumina teurer als der Inhouse-Betrieb werden.

Bei sehr kleinen Volumina lohnen sich vermutlich der Aufwand für die Auswahl eines passenden Dienstleisters und die notwendigen Gespräche sowie eventuell notwendige technische Anpassungen nicht. Da ist evtl. die einfache Erzeugung eines PDFs, das per eMail versandt wird, die einzig vertretbare Alternative.

4.2.7 Marktübersicht

Man kann sich in der B&L-Studie „Sourcing-Strategien" von 2011 über die Chancen und Risiken sowie über die Anbieter im DMS-Markt informieren. Außerdem erstellt B&L kontinuierlich eine Übersicht der Rechnungslösungen, inkl. der Dienstleistungsangebote (siehe Kapitel „B&L Marktübersicht"). Weitere Informationen finden Sie unter www.bul-consulting.de.

5 Rechnungserstellungsprozess optimieren

5.1 Idealtypische Vorgehensweise

Die Grafik zeigt ein idealtypisches Vorgehen bei einem Projekt zur Optimierung der Ausgangsrechnungen. Dies soll auch der Leitfaden für die folgenden Ausführungen sein. Entsprechend diesem Projektvorgehen werden wir hier die in jeder Phase zu beantwortenden Fragen behandeln.

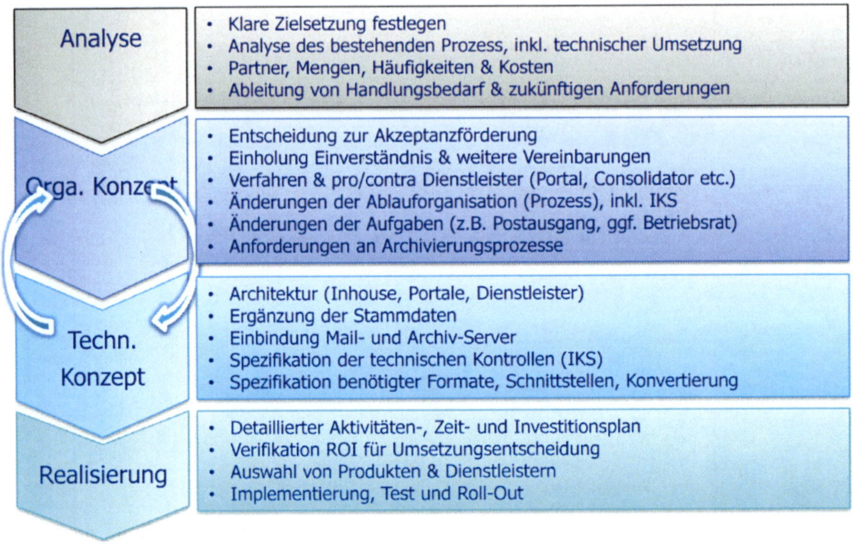

Abbildung 19: Idealtypische Vorgehensweise für Rechnungssteller

Gemäß dem klassischen Vorgehen werden wir das organisatorische Konzept vor dem technischen Konzept erstellen. Die Pfeile sollen jedoch deutlich machen, dass dies keine rein chronologische Vorgehensweise ist, weil beide Konzepte natürlich starke Wechselwirkungen haben. Während der organisatorischen Konzeption muss immer klar sein, welche technischen Möglichkeiten und Grenzen gegeben sind.

5.2 Analyse: Ziele, Nutzenerwartung, Handlungsbedarf

Eine der häufigsten und wichtigsten Ursachen für das Scheitern von IT-Projekten sind unscharfe Zielsetzungen. Ursächlich sind einerseits zu starke Technikorientierung (oder gar Produktorientierung) bei den IT-Mitarbeitern sowie andererseits unklare Vorstellungen über das Machbare und Wünschenswerte bei den Fachabteilungen. Es resultieren Ergebnisse, die keinen der Beteiligten befriedigen, den anvisierten Nutzen nicht erreichen, aber erhebliche finanzielle Mittel verbraucht haben.

Dies ist zwar weder spezifisch für Rechnungssteller noch für Rechnungsprozesse generell, aber auch hier besonders zu beachten, weil es sich im Rechnungswesen oft um den Wechsel von einem papierbasierten Ablauf auf einen IT-gestützten Prozess handelt.

Für den Rechnungssteller bieten sich meist Einsparungen im operativen Erstellungsprozess als erstes Ziel an. Heute bedeutet das für den Rechnungssteller eigentlich immer „Einführung des elektronischen Versands".

Häufigstes Argument: Porto fällt weg. Ob jedoch die Portoeinsparungen im Einzelfall wirklich von hoher Bedeutung sind, hängt vor allem davon ab, wie hoch das Ausgangsvolumen ist und wie weit der Prozess bereits heute optimiert ist.

Angenomme Kosten pro Rechnung	Angenommenes Porto	% Portoanteil	Angenomme Anzahl Rechnungen p.a.	Absolute Einsparung
0,70 €	0,45 €	64%	100.000	45.000 €
1,00 €	0,50 €	50%	50.000	25.000 €
1,50 €	0,50 €	33%	30.000	15.000 €
3,00 €	0,50 €	17%	15.000	7.500 €
5,00 €	0,58 €	12%	10.000	5.800 €
10,00 €	0,58 €	6%	1.000	580 €

Abbildung 20: Rechenbeispiele Portooptimierung

Die Rechenbeispiele sollen zeigen, dass Portoeinsparungen je nach Ausgangssituation und Menge erheblich, aber auch marginal sein können. Im letzten Fall müssen bessere Argumente her, die aber nicht schwer zu finden sind, wenn der Prozess bisher noch sehr traditionell abläuft.

Deutlich interessanter als die bloße Portoeinsparung sind die strategischen Aspekte: Wie Studien immer wieder zeigen, führt der elektronische Versand auch zu einem schnelleren Zahlungseingang, denn nicht bei jeder Rechnung reizt der Empfänger sein Zahlungsziel zwecks besserem Liquiditätsmanagement aus. Dies bekommt nur bei hohen Beträgen eine Bedeutung und trifft für die Mehrzahl der Rechnungen nicht zu. Ein schnellerer Zahlungseingang hat aber für den Rechnungssteller offensichtlich viele positive Aspekte.

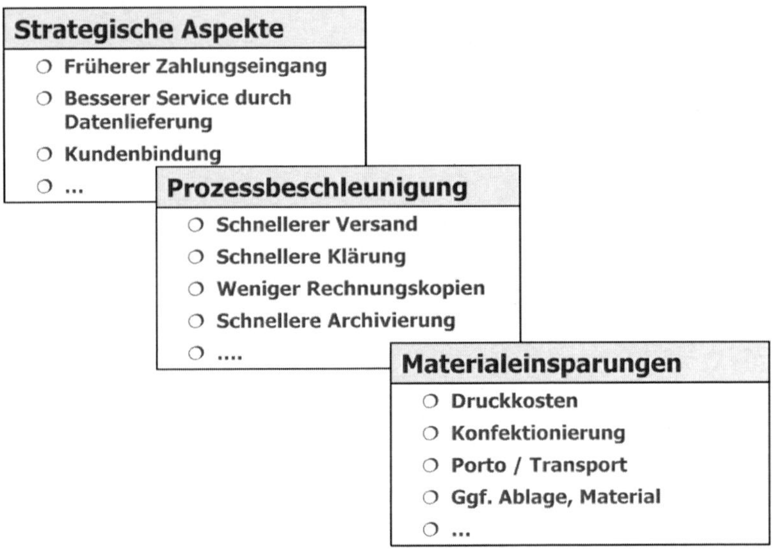

Abbildung 21: Zielsetzung Rechnungssteller

Ein weiterer Aspekt kann die Verbesserung des Kundenservice sein, weil nicht nur eine Rechnung geliefert wird, die wieder mühsam zu kontrollieren und zu erfassen ist, sondern gleich die entsprechenden Daten geliefert werden, was dem Empfänger erhebliche Optimierungspotenziale bietet (siehe ebenda). Dies erhöht auch die Kundenbindung.

Übrigens: Immer häufiger wird dies von den (größeren) Empfängern gefordert, so dass es evtl. auch darum geht, „im Spiel" zu bleiben.

Außerdem lassen sich auch beim Rechnungssteller erhebliche Prozessbeschleunigungen realisieren. Beim elektronischen Versand wird nämlich nicht nur ein anderer Versandweg gewählt, sondern es entfallen die – vor allem bei KMU – noch häufig vorkommenden, manuellen Tätigkeiten zusammen mit deren Fehlerpotenzial. Damit gehen die Reklamationen zurück, was zu weiteren indirekten Kosteneinsparungen führt.

Doch wie lässt sich dies quantifizieren? Viele Studien zeigen, dass bei einem Vorher-Nachher-Vergleich beim Rechnungssteller 20% bis 30% eingespart werden konnten (z.B. Prof. Breitner, Universität Hannover). Bei diversen Studien, auch von renommierten Wirtschaftsprüfern, ergeben sich Einsparungen von über 50%, wenn die indirekten Effekte (z.B. früherer Zahlungseingang) mit berücksichtigt werden.

Das ist gut zu wissen, lässt sich für das eigene Unternehmen aber nur konkretisieren, wenn die eigenen Kosten bekannt sind. Bei einer Gesamtkostenbetrachtung sind in KMU Kosten von über 10€ je Rechnung keine Seltenheit. Dann spielt die Portoeinsparung gegenüber der Prozesseinsparung keine Rolle mehr.

Zurück zur Zielsetzung: Natürlich möchte jeder den maximalen Nutzen generieren, aber manchmal lässt sich nicht alles gleichermaßen optimieren. Wird die Rechnung bisher mit der Ware versandt, kann ich beispielsweise kein Porto optimieren. Will ich primär die Fehlerrate reduzieren, ist der elektronische Versand vielleicht nur einer von mehreren Aspekten. Dies sind triviale Beispiele, die aber zeigen, dass eine klare Zielsetzung, die auch klar kommuniziert wird, entscheidend für den Projekterfolg ist.

5.3 Analyse des bestehenden Prozess

Zur Analyse der Ausgangssituation sind zunächst eine Reihe von Fragen zu beantworten, um mit der anschließenden Konzeptionsphase darauf aufsetzen zu können. Auf Basis der hier gelieferten Antworten kann der Anpassungsbedarf schnell identifiziert werden.

Wichtig ist in diesem Zusammenhang, die Angaben gleich zu quantifizieren, weil die Sinnhaftigkeit verschiedener konzeptioneller Ansätze sehr stark von den jeweils zu verarbeitenden Mengen und Häufigkeiten abhängt. Sofern keine exakten Angaben gemacht werden können, ist eine ungefähre Schätzung immer noch besser als ein Konzept ohne Berücksichtigung der Quantitäten.

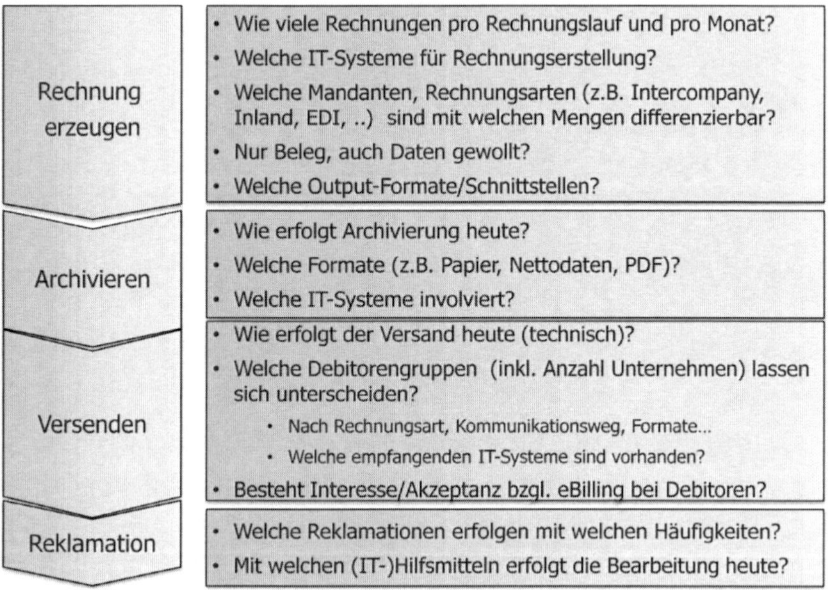

Abbildung 22: IST-Analyse Rechnungssteller

Beim Versand ist vor allem auch wichtig zu wissen, welche Informationen über die Empfänger bekannt sind. Da die Empfänger zustimmen müssen, muss das noch zu erstellende Konzept für die Empfänger akzeptabel sein. Das beste Konzept nützt wenig, wenn die Geschäftspartner nicht „mitspielen".

Sofern bei einzelnen Aufgaben bereits Dienstleister involviert sind, sollte dies ebenfalls transparent gemacht werden. Um später eine Aussage über mögliche Kosteneinsparungen machen zu können, sollten die IST-Kosten - soweit möglich – ebenfalls detailliert dokumentiert werden. Dabei sind – wie immer - vor allem die Personalkosten von Interesse.

Abhängig von der IST-Analyse ergeben sich unterschiedliche Handlungsbedarfe für unterschiedliche Debitorengruppen und/oder unterschiedliche Rechnungsarten.

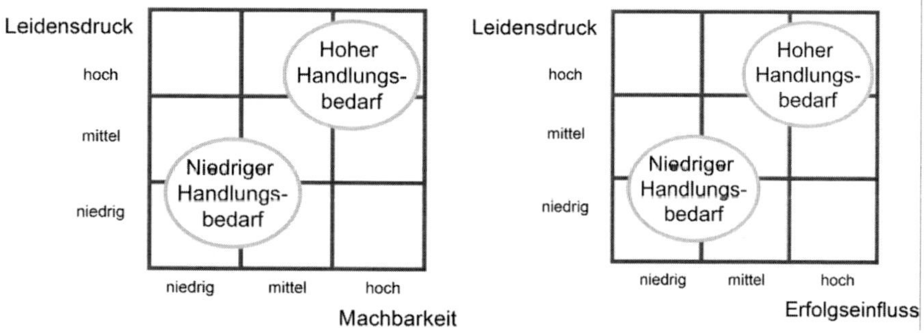

Abbildung 23: Bestimmung Handlungsbedarf

Die Anforderungen an die zukünftige Lösung sind wiederum von der Zielsetzung einerseits und den Ergebnissen der IST-Analyse andererseits abhängig. Je nach Umfang der Analyse kann das Ergebnis relativ einfach und offensichtlich oder auch komplexer sein. Ggf. kann man es dann in einer Portfolio-Darstellung abhängig von Leidensdruck, Machbarkeit und Erfolgseinfluss präsentieren.

5.4 Organisatorische Konzeption

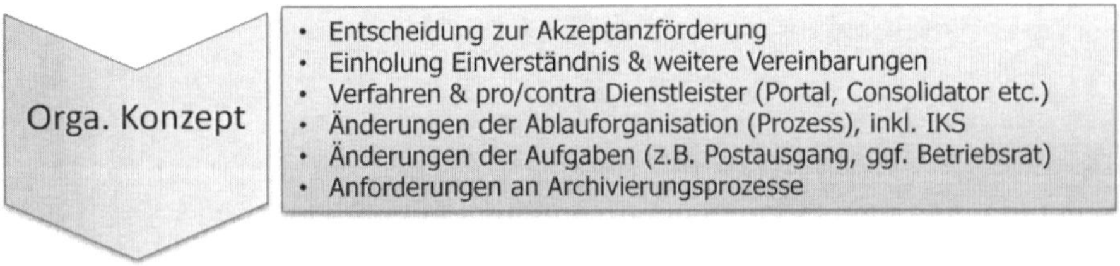

Abbildung 24: Organisatorisches Konzept Rechnungssteller

Bevor mit der konkreten Konzeption und Gestaltung der SOLL-Prozesse begonnen werden kann, sollten verschiedene organisatorische Grundsatzentscheidungen erfolgen. Dazu gehören die Fragen nach der Einverständniserklärung und der eventuell notwendigen Akzeptanzförderung sowie – wenn möglich - die generelle Entscheidung für ein Verfahren mit oder ohne Dienstleister.

Erst danach kann, ausgehend von der IST-Analyse, ein sinnvoller SOLL-Prozess gestaltet werden. Mit diesen Aspekten wollen wir uns nun ein wenig detaillierter auseinandersetzen.

5.4.1 Einverständniserklärung

Alle Lösungen sind umso wirtschaftlicher je mehr Volumen über sie abgewickelt wird. Das bedeutet i.a. auch, je mehr Geschäftspartner mitmachen. Bevor jedoch elektronische Rechnungen erzeugt werden können, ist (gemäß UStG) zunächst das Einverständnis der Empfänger einzuholen.

Einverständnis setzt i.a. die Akzeptanz des Verfahrens voraus. Dies erreicht man einerseits durch klare Kommunikation und andererseits dadurch, dass man dem Geschäftspartner aufzeigt, welche Vorteile er von dem Verfahren hat. Hüten muss man sich jedoch vor neuen und ggf. sehr spezifischen Anforderungen an die eigene Lösung.

Wenn der Partner so von den Vorteilen für ihn überzeugt wurde, wird er aus Eigeninteresse sein Einverständnis erklären. Man spricht hier vom Opt-In-Verfahren, welches aus Sicht des Autors immer anzustreben ist.

Da für die Einverständniserklärung keine Formvorschriften existieren, ist jegliches Verfahren erlaubt. Empfehlenswert ist es, eine Vereinbarung aufzusetzen, die alle wesentlichen Elemente des elektronischen Austausches beschreibt (analog EDI-Vereinbarung, aber vereinfacht, siehe Rechtliche Rahmenbedingungen) und die der Empfänger aktiv akzeptiert. Dies kann per Internet durch einen Mausklick erfolgen, was sich vor allem anbietet, wenn die Leistungen online verkauft werden.

Sollen Daten ausgetauscht werden, ist ohnehin eine Abstimmung notwendig, sofern der Rechnungssteller sicherstellen möchte, dass der Rechnungsempfänger die Daten auch wirklich nutzen kann.

Das einfachste Verfahren der Einverständniserklärung ist jedoch eine entsprechende Vorbelegung beim Internetkauf oder eine Formulierung in den AGB, denen der Rechnungsempfänger explizit widersprechen muss („Opt-Out-Verfahren"). Eine weitere – im Konsumbereich häufig anzutreffende – Variante ist die Erhebung zusätzlicher Gebühren für die Zusendung von Papierrechnungen. In der Praxis sind diese Verfahren auch erfolgreicher als Opt-In. Allerdings sind diese Verfahren nicht unbedingt als fair zu bezeichnen und eigentlich nur bei stark ungleichen Machtverhältnissen durchsetzbar.

5.4.2 Akzeptanzförderung

Ist man selbst nicht in der Lage oder nicht gewillt, die Bedingungen vorzuschreiben und möchte das Opt-In-Verfahren nutzen, sind evtl. Maßnahmen zur Akzeptanzförderung notwendig. Das kann auch mit monetären Anreizen oder zusätzlichen Leistungen erfolgen. Bei guten Geschäftsbeziehungen ist das Thema häufig unkritisch, weil beide Seiten an einer Optimierung interessiert sind und auch dem Partner ein Stück entgegenkommen. Bei der

Akzeptanzförderung können einem die Dienstleister helfen, sofern man beabsichtigt Dienstleister einzubinden.

5.5 Organisatorische Prozessgestaltung

Nachdem die o.g. Grundsatzentscheidungen gefallen sind, kann nun der SOLL-Prozess gestaltet werden. Ausgehend von dem IST-Prozess kommen neue Aufgaben hinzu und andere fallen weg. Dazu sind die Schritte im Einzelnen anzuschauen und die in der Abbildung gezeigten Fragen zu beantworten.

Wichtig sind in diesem Zusammenhang vor allem die Fragen, die aus GoBS und GDPdU resultieren und im „Internen Kontroll-System", IKS zu berücksichtigen sind.

So ist zu zeigen, wie das Einverständnis eingeholt wird, wie die organisatorische Umsetzung erfolgt und wie sichergestellt ist, dass jeder Rechnungsempfänger nur eine Rechnung auf dem von ihm gewählten Weg erhält. Außerdem muss auch der Fall des Widerrufs eines Einverständnisses vorgesehen werden. Typischerweise erfolgt dies durch eine Stammdatenerweiterung im Kundenstamm.

Es kann auch Übertragungsfehler geben. Dennoch muss sichergestellt sein, dass eine Rechnung nur einmal versendet wird, damit der Empfänger nicht versehentlich zweimal Vorsteuer zieht. Entsprechend sind Kontrollen und Verfahren zu etablieren, wie mit technischen Fehlern umgegangen wird, aber auch wie Stornierungen in den Systemen nachvollziehbar gemacht werden.

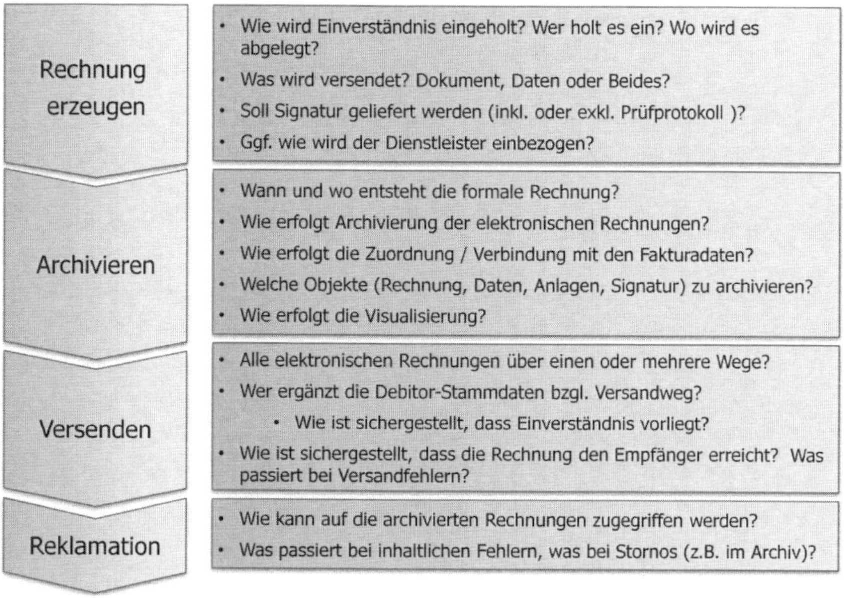

Abbildung 25: Orga. Prozessgestaltung Rechnungssteller

Ist der SOLL-Prozess fertig, zeigt der direkte Vergleich mit dem IST-Prozess, wo Aufgaben wegfallen. Mit den Mitarbeitern und ggf. dem Betriebsrat muss dann über die Neugestaltung der Aufgaben gesprochen werden.

5.6 Technische Konzeption

Abbildung 26: Technische Konzeption Rechnungssteller

Die technische Gestaltung hängt naturgemäß sehr stark von den Grundsatzentscheidungen (z.B. mit oder ohne Dienstleister) und dem neuen organisatorischen SOLL-Prozess ab. Ist bereits ein professionelles Output-Management und ein elektronisches Archiv im Einsatz, handelt es sich teilweise nur um neue Parametrisierung und evtl. die Erstellung kleinerer Programmanpassungen. Bei KMU hingegen ist bisher meist nur „Papier produziert" worden. Somit sind häufig zusätzliche Software-Komponenten erforderlich, z.B. ein Archivsystem oder Konverter oder Schnittstellenanpassungen.

Hier befassen wir uns zunächst damit, welche Aufgaben zu erledigen sind und wie dies erfolgen kann. Inwieweit es sinnvoll und möglich ist, Teile dieser Aufgaben auf einen Dienstleister auszulagern, wird in einem späteren Kapitel ausführlich behandelt.

5.6.1 Technische Prozessgestaltung

Parallel zum organisatorischen Konzept ergeben sich in jeder Phase eine Reihe von technischen Fragen, die auch wieder Rückwirkungen auf die Organisation haben (können). Wie oben erwähnt ist vor allem zu bedenken, dass ein automatischer Mailversand nicht mit dem manuellen Senden einer Mail zu vergleichen ist, weil sämtliche (fehlerhaften) Fälle vorhergesehen und mit entsprechenden (technischen) Maßnahmen abgefangen werden müssen.

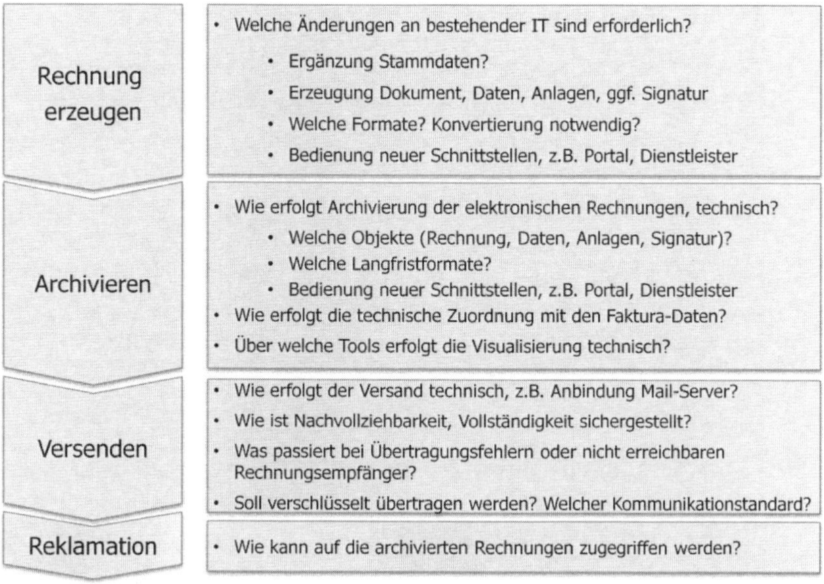

Abbildung 27: Technische Prozessgestaltung Rechnungssteller

Wenn das technische Konzept steht, kann prinzipiell bereits mit der Verfahrensdokumentation begonnen werden. Häufig wartet man jedoch die Realisierung ab, weil sich dort noch Änderungen ergeben können. Dies birgt allerdings das Risiko, dass nach der Implementierung schon wieder neue Aufgaben warten und die Verfahrensdokumentation überhaupt nicht oder erst dann erstellt wird, wenn man von den frischen Eindrücken nicht mehr profitieren kann.

Abhängig von der organisatorischen Konzeption und den Marktgegebenheiten stellen sich bei der technischen Konzeption einige Herausforderungen, denen wir uns im Folgenden widmen möchten.

5.6.2 Technische Kontrollen im IKS

Das technische Konzept kann einen wichtigen Beitrag für das IKS liefern, denn Kontrollen, die in der Software verankert sind, lassen sich leicht automatisch protokollieren und – besonders wichtig – können nicht vergessen werden.

Wichtig ist beispielsweise, dass der Output aus dem Faktura-System am Schluss auch das Unternehmen auf dem richtigen Weg verlassen muss und im Archiv abgelegt ist. Je komplizierter der technische Weg dazwischen ist, desto wichtiger sind systemgestützte Kontrollen, z.B. zur Sicherstellung der Vollständigkeit, Prüfbarkeit etc.

Bewährt haben sich beispielsweise:

- Automatischer Abgleich zur Sicherung der Vollständigkeit bei Transfer
- Zum Mail-Server
- Zum Archiv-Server
- Automatische Verknüpfung zwischen ERP und Archiv zur Sicherstellung der Nachvollziehbarkeit, Ordnungsmäßigkeit und Prüfbarkeit

Der große Vorteil systemgestützter Kontrollen ist, dass sie keinen manuellen Aufwand erfordern und nicht vergessen werden können. Sie erleichtern somit auch die Verfahrensdokumentation und die Compliance.

5.6.3 Einbindung eMail-Server

Bei der Einbindung des eMail-Servers in den technischen Prozess geht es nicht nur um die technische Schnittstelle zwischen Fakturasystem und eMail. Das ist meist schnell zu beantworten, weil eMail-Kommunikation gut standardisiert ist.

Schwieriger ist die Frage, wie nachvollzogen werden kann, welcher Kunde seine Rechnung per eMail bekommen hat. Die Vorgabe erfolgt typischerweise über ein zusätzliches Stammdatum im

Fakturasystem, welches zusammen mit der Rechnung an den Mail-Server übergeben wird.

Es muss jedoch sichergestellt werden, dass diese Rechnungen dann auch wirklich versandt werden und dass sie den Empfänger auch wirklich erreichen. Für die Sicherstellung, dass alles versandt wurde, was dem Mail-Server übergeben wurde, sind häufig Abgleichprogramme notwendig, die einen Input-Output-Vergleich bzgl. der per eMail zu versendenden Rechnungen machen und bei Abweichungen entsprechende Warnungen ausgeben, die dann manuell zu bearbeiten sind. Das kann auch heißen, entsprechende Fehlermeldungen des eMail-Servers sind – möglichst automatisch - auszuwerten.

Ein häufiges Problem bei der Nutzung von eMail-Kommunikation sind nicht erreichbare oder nicht mehr gültige eMail-Adressen. Der Umgang mit diesen Fällen ist vorher zu überlegen. Dabei ist zu bedenken, dass es sich um ein Massenverfahren handelt. Zwar gibt es auch bei eMails Empfangsbestätigungen, diese sind in einem automatisierten Prozess jedoch eher wieder ein Pro-blem, weil sie dem Rechnungsvorgang, z.B. im Archiv, automatisch zugeordnet werden müssen und ein automatischer Abgleich erfolgen muss, denn niemand kann Tausende solcher Nachrichten daraufhin überprüfen, ob eine fehlt.

5.6.4 Erzeugung der XML-Daten

Auch ein Kleinstunternehmen ist heute in der Lage eine PDF-Rechnung zu erzeugen. Wünscht der Rechnungsempfänger jedoch Daten, so fühlen sich viele KMU überfordert, denn einerseits wissen sie nicht, wie sie ihrer eigenen Software XML-Daten „entlocken" können, und wenn dies bewerkstelligt ist, bleibt immer noch die Frage nach der Aufbereitung in verschiedene Formate für verschiedene Empfänger.

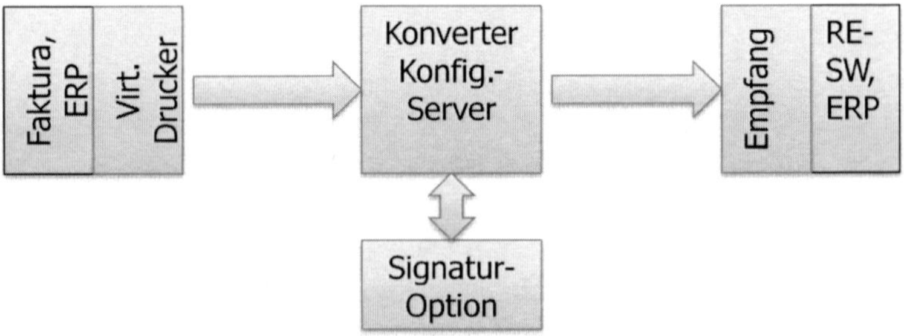

Abbildung 28: Virtuelle Druckertreiber für XML-Daten

Um dies zu bewerkstelligen muss jedoch kein großes ERP vorhanden sein. Es reicht ein virtueller Druckertreiber. Eine solche Software stellt sich gegenüber einer beliebigen PC-Applikation, z.B. Word oder Excel, wie ein Drucker dar. Erfolgt der Ausdruck, so werden dem Druckstrom jedoch zunächst die Daten entnommen, die beim Rechnungsempfänger benötigt werden, und in einem vereinbarten Format in eine separate Datei geschrieben. Dabei können bereits Prüfungen auf die Pflichtangaben gemäß §14, UStG erfolgen und die Sicherstellung einer einmaligen Rechnungsnummer gehört ebenfalls zum Leistungsumfang.

Die Umwandlung des Quellformates in das Zielformat erfolgt auf einer zentralen Komponente anhand zweier Konfigurationen für Sender und Empfänger.

Die Konfigurationen sind jeweils einmalig durch den Sender und den Empfänger in einer geführten Sitzung von ca. 15 bis 20 Minuten für das Layout bzw. das benötigte Eingangsformat zu trainieren. Erst wenn sich die Formate auf einer Seite ändern, ist die Konfiguration für diese Seite erneut durchzuführen.

Optional kann – ggf. über einen Dienstleister – eine Signatur erfolgen. Der Beleg wird anschließend zusammen mit der Datendatei (und evtl. weiteren Anlagen) an den Empfänger gesendet.

Dies funktioniert natürlich nicht nur mit Office-Anwendungen, sondern prinzipiell mit jedem Faktura-Programm, welches in der

Lage ist, über einen Windows-Drucker zu drucken. Wichtig ist aber, dass man in der Lage ist nachzuweisen, welche Rechnungen über diesen Weg und welche über andere Wege, z.B. als Papier, das Unternehmen verlassen haben.

Der Server kann sowohl im Unternehmen des Rechnungsstellers als auch bei einem Dienstleister stehen. Viele Dienstleister bieten diese Option für die kostengünstige Anbindung kleinerer Unternehmen.

Für den Versand werden zunehmend sogenannte Hybridformate beliebt, z.B. ZUGFeRD, bei dem in einem PDF-Container sowohl das Dokument als auch die Daten gesendet werden.

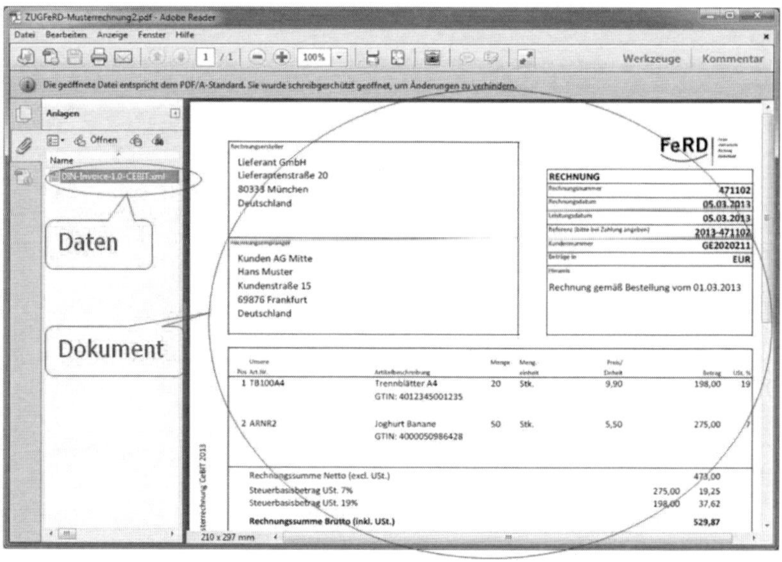

Abbildung 29: Hybriddatei

Soweit das Dokument und die XML-Datei identische Daten enthalten, sind dies aus Sicht des Finanzamtes „identische Mehrstücke", die in einem Container vereint sind. Sollten jedoch Abweichungen – z.B. aufgrund von Fehlern - entstehen, handelt es sich plötzlich um zwei Rechnungen, was – auch noch Jahre später -

zu einer entsprechenden Zahlungsverpflichtung bei der Mehrwertsteuer führen kann. Aus Sicht des Rechnungsstellers empfiehlt es sich daher eines der beiden Inkarnationen mit einem Vermerk zu versehen, z.B. „Duplikat" o.ä., wie wir es auch schon aus den Papierprozessen kennen.

5.6.5 Output Management

Speziell wenn größere Änderungen der IT erforderlich sind, lohnt es sich, sich Gedanken über eine Architektur zu machen, die verschiedene Dokument- und Daten-Quellen möglichst flexibel mit verschiedenen Kommunikationskanälen verbindet, um nicht für jede Variante wieder eine neue Insellösung zu schaffen.

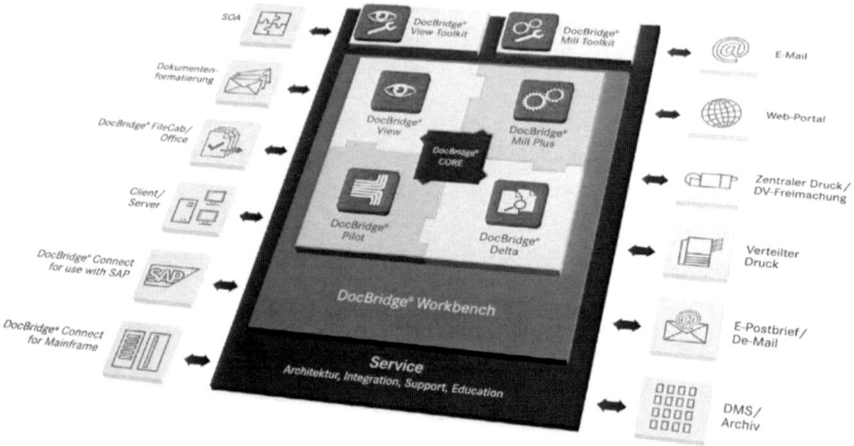

Abbildung 30: Output Management System (Quelle: Compart AG)

Das heißt, eine Rechnung kann aus verschiedenen Quellsystemen (z.B. ERP und speziellen Fakturasystemen) resultieren und dann über verschiedene Wege den Empfänger erreichen, wobei über Monitoring und Protokollierung jederzeit nachvollziehbar ist, welcher Weg genommen wurde.

Anpassungen der benötigten Schnittstellen und erforderliche Konvertierungen der Formate sind Bestandteil der Lösung. Auch das oben erwähnte Handling von Kommunikationsfehlern wird durch solche Module übernommen.

Natürlich finden sich solche Lösungen auch bei Dienstleistern, sofern der Aufbau im eigenen Unternehmen nicht lohnenswert erscheint.

5.6.6 Signatur mit SAP

Nahezu alle Lösungsanbieter unterstützen SAP in irgendeiner Form, weil es im hiesigen Sprachraum das führende ERP ist und damit auch meist die Rechnungen erzeugt. Auch für die Signatur existieren viele Lösungen für das SAP ERP, allerdings nicht von SAP. Meistens handelt es sich dabei um SAP-externe Systeme, die die Belege und/oder Daten nach der Aussteuerung aus SAP signieren und dann selbst weiterleiten. Dies erfolgt i.a. durch speziell eingerichtete Verzeichnisse, die dann manuell oder durch programmierte Jobs zu bearbeiten und zu kontrollieren sind.

Das heißt, dass ab dem Signaturzeitpunkt keine Kontrolle durch das SAP-System mehr vorliegt und die entsprechenden SAP-Funktionen, z.B. für die Übergabe an Archiv und eMail, nicht mehr genutzt werden können.

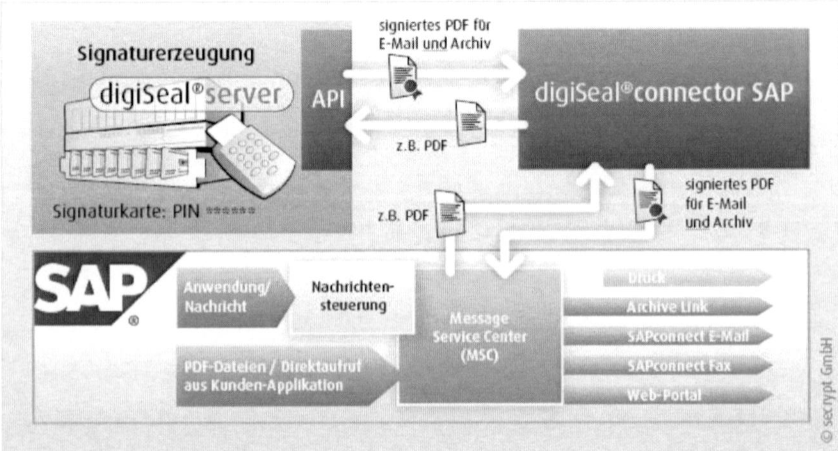

Abbildung 31: SAP-integrierte Signaturlösung
(Quelle: secrypt GmbH)

Wenige Signatur-Lösungen sind „nahtlos“ in SAP integriert, so dass nur minimaler zusätzlicher Betriebsaufwand entsteht und alles unter der Kontrolle von SAP bleibt. Dass es sie dennoch gibt und wie eine solche Lösung aussehen kann, zeigt die Grafik.

6 Rechnungseingang optimieren

Die folgende Grafik zeigt ein idealtypisches Vorgehen für ein Projekt zur Optimierung der Eingangsrechnungen. Dies soll auch der Leitfaden für die folgenden Ausführungen sein. Der grundsätzliche Ablauf ist ähnlich dem für die Rechnungssteller. Die zu beantwortenden Fragen und die einzusetzenden Technologien unterscheiden sich jedoch wesentlich.

Wie auch beim Rechnungssteller ist zunächst eine Potenzialanalyse zu empfehlen, um die Handlungsbedarfe zu eruieren und die relevanten Lösungsvarianten zu konkretisieren.

Abbildung 32: Idealtypisches Vorgehen Rechnungseingang

6.1 Zielsetzung

Während bei der Rechnungsstellung Material- und Portokosten wesentliche Einsparpotenziale bieten, ist dies beim Rechnungseingang gänzlich anders. Hier kommt vor allem den verschiedenen Möglichkeiten der Prozessoptimierung eine hohe Bedeutung zu. Denn die bestehenden Prozesse führen typischerweise zu:

- erheblichen Durchlaufzeiten
- verlorenen Rechnungen
- ungenutzten Skonti

Bei den Zielen geht es typischerweise sowohl um die Reduktion von Trivialtätigkeiten, wie z.B. Datenerfassung und formale Prüfungen, aber vor allem auch um die Erhöhung der Transparenz durch ein immer aktuelles und vollständiges „elektronisches Rechnungseingangsbuch". Darin ist jederzeit erkennbar, welche Rechnungen im Umlauf sind und welchen Status sie haben.

Hinzu kommen die Verkürzung der Durchlaufzeiten durch elektronische Verteilung und Freigabe der Rechnungen sowie die besseren Möglichkeiten der „Erinnerung". Die räumliche und zeitliche Unabhängigkeit zwischen Buchhaltung, sachlicher Rechnungsprüfung und verantwortlicher Rechnungsfreigabe ermöglicht ebenfalls eine schnellere Erledigung.

Viele Studien zeigen somit immer wieder, dass die Einsparpotenziale beim Rechnungseingang deutlich höher sind als beim Rechnungsausgang. Bei einer Vollkostenrechnung sind 50% bis 60% häufig erreichbar.

6.2 Analyse Ausgangssituation

Wie wir im Folgenden sehen werden, gibt es verschiedene organisatorische und technische Varianten zur Optimierung der Rechnungseingangsprozesse. Welche sinnvoll sind und welche nicht, sollte möglichst frühzeitig abgegrenzt werden.

Von hoher Bedeutung sind dabei die Mengen der in Frage kommenden Rechnungen. Häufig sind nämlich nicht alle Rechnungen für die Optimierung zugänglich. Ein Großteil wird evtl. schon per EDI automatisch verarbeitet oder muss einer „Sonderbehandlung" unterliegen, z.B. manche Auslands- oder Intercompany-Rechnungen.

Generell wichtig ist der Anteil von Rechnungen mit Bestellbezug, weil diese meist besser behandelt werden können als solche ohne Bestellbezug. Meist ist die Verarbeitung von Rechnungen mit Bestellbezug schon teiloptimiert, so dass weitere Optimierungen möglich sind, sich aber kleinere Effekte als bei Rechnungen ohne Bestellbezug ergeben.

In diesem Zusammenhang ist es wichtig, eine möglichst genaue Kenntnis der Lieferantenstruktur zu bekommen, um hier auch frühzeitig eine Abgrenzung ungeeigneter Lösungsansätze vornehmen zu können. Meist lassen sich diese Informationen relativ einfach aus den Daten der ERP-Systeme ermitteln.

Wesentliche Kenndaten lassen sich über die folgenden Fragen ermitteln:

- Wie viel relevante Rechnungen p.a.?
    - Übernahme nur Kopfdaten oder auch Positionsdaten?
    - Wie viele Rechnungen mit Bestellbezug?
    - Wie viele fehlerhafte Rechnungen durchschnittlich?
- Wie viele Lieferanten insgesamt und Anteil mit
    - weniger als 10 Rechnungen p.a.?
    - mehreren Hundert Rechnungen p.a.?
    - professioneller IT-Infrastruktur?
    - einfacher IT-Infrastruktur?
    - Möglichkeit und Willen zum Versand elektronischer Rechnungen?
- Eigene IT-Infrastruktur
    - Bereits EDI im Einsatz?
    - Bereits eMail in Prozesse integriert?

Sofern noch nicht vorhanden, empfiehlt sich die grafische Dokumentation des IST-Prozesses, weil sich daraus direkt Optimierungspotenziale und Anforderungen an die Lösung ableiten lassen.

Wie detailliert und umfassend dies erfolgt, hängt von den Erwartungen der Beteiligten ab. Soll später ein Nachweis über die genauen Einsparungen erfolgen, kann in diesem Zusammenhang auch der Aufwand für die bestehenden Prozesse abgeleitet werden. Dies erfordert jedoch eine ausreichende Detaillierung.

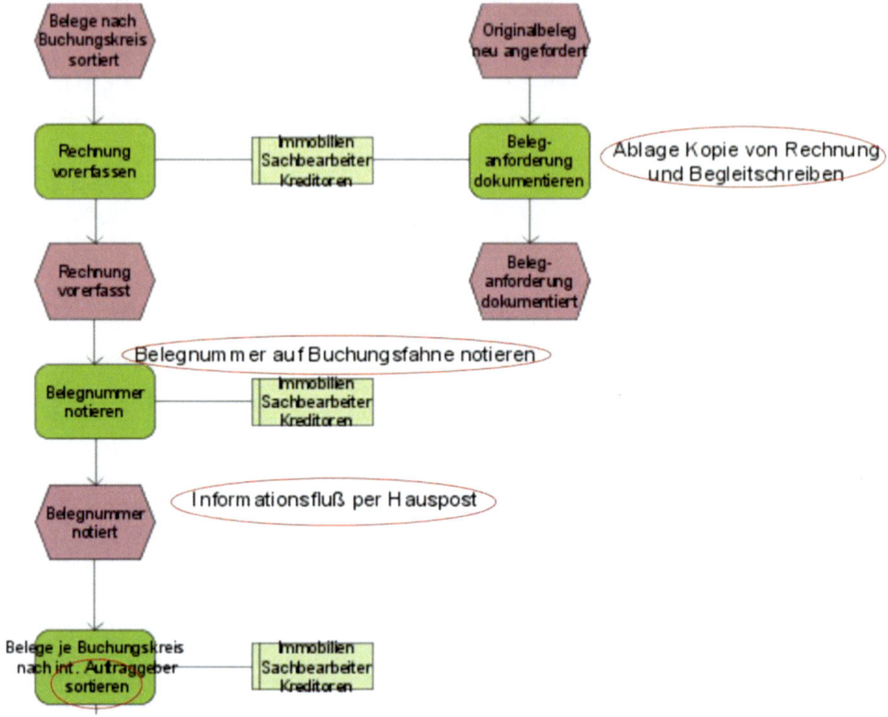

Abbildung 33: Auszug aus IST-Prozess (Kundenbeispiel)

Die Grafik enthält einen Auszug aus einem realen Beispiel, in dem bereits typische Trivialtätigkeiten als Optimierungspotenzial identifiziert werden konnten. Dazu gehören:

- Kopieren von Rechnungen
- Sortieren und Umsortieren in verschiedenen Prozessschritten, z.B. für Zahlungsfreigabe
- Anmerkungen bzw. Prozessdokumentation auf Allonge oder Rechnung notieren
- Verteilen von Vorgängen (ggf. erneutes Kopieren) an andere Stellen im Haus
- Erstellen von Übersichten über aktuellen Rechnungsumlauf und Bearbeitungsstatus

6.3 Organisatorisches Konzept

Um den Rechnungseingang zu optimieren, ist der angestrebte SOLL-Prozess im Detail zu spezifizieren. Bei jedem Schritt - von der Eingangsbearbeitung, über die Freigabe bis zur letztendlichen Buchung - bieten moderne Lösungen eine Reihe von Varianten, die optimal auf die eigenen Gegebenheiten anzupassen sind.

So wie bereits in den bestehenden Prozessen sind jedoch auch in den elektronischen Prozessen differenzierte Behandlungen notwendig. Dazu müssen die eingehenden Rechnungen zunächst – manuell oder automatisch – klassifiziert werden.

6.3.1 Klassifikation verschiedener Rechnungstransaktionen

Es gibt nicht einen, sondern viele Rechnungsprozesse (oder zumindest mehrere Varianten) in den Unternehmen. Offensichtlich ist dies die unterschiedliche Behandlung von Rechnungen mit bzw. ohne Bestellbezug. Weitere Differenzierungen, z. B. bzgl. Wareneingang und Dienstleistungen, konzerninterner Rechnungen, bereits in der Außenstelle geprüfter Rechnungen, Telekommunikationsrechnungen sind üblich. Letztendlich sollte immer der gesamte Beschaffungsprozess im Sinne des „Purchase to Pay" im Auge behalten werden. Die Rechnung ist dann nur ein weiteres Element in der Kette, das im Idealfall zu den anderen Daten passt und keiner Prüfung außerhalb der Buchhaltung bedarf. Voraussetzung ist jedoch, den Beschaffungsprozess wirklich gesamtheitlich zu betrachten.

Hinzu kommt, dass ein Rechnungsvorgang nicht nur aus Rechnungen, sondern auch aus Rechnungsanlagen (z.B. Stundennachweisen) besteht, die aber auch selbst wieder Rechnungen (Weiterbelastung) sein können. Weiterhin werden die verschiedenen Gutschriften ähnlich, aber natürlich nicht identisch zu Rechnungen behandelt. Aus weiter unten erläuterten Gründen ist auch noch die Differenzierung der Eingangskanäle, zumindest während der Eingangsbearbeitung, notwendig.

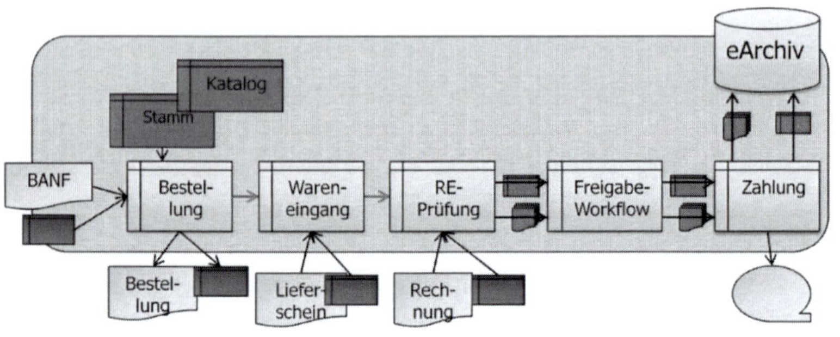

Abbildung 34: Purchase to Pay

Je nach gewählter Prozessvariante sind diese Differenzierungen auch softwaretechnisch umzusetzen, um die Rechnungen der jeweils erforderlichen Behandlung und schließlich der richtigen Buchungstransaktion zuzuführen. Dies kann bei eMail-Rechnungen evtl. durch unterschiedliche Postfächer automatisiert werden.

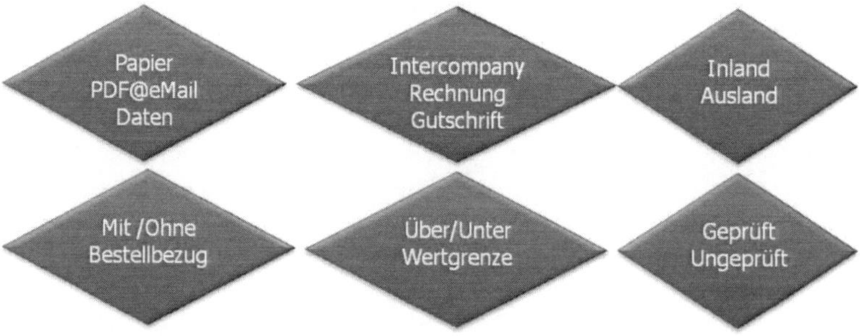

Abbildung 35: Beispiele möglicher Differenzierungen

Soweit möglich, erfolgt die Einordnung nach vorzudefinierenden Regeln über eine automatische Klassifizierung während der Eingangsbearbeitung. Häufig sind jedoch manuelle Festlegungen oder Ergänzungen erforderlich.

Ausgehend von den bereits im IST-Prozess bestehenden Differenzierungen, die sich häufig auch in unterschiedlichen Buchungstransaktionen manifestieren, ist zu prüfen, inwieweit zukünftig weitere Klassifikationen benötigt werden und welche Mengen bzw. Häufigkeiten jeweils erwartet werden.

Orientierungsgröße ist dabei eindeutig der organisatorische Bedarf, unterschiedliche Rechnungsarten auch unterschiedlich zu behandeln. Sollten sich im Laufe der weiteren Konzeption zusätzliche Bedarfe für technische Differenzierungen ergeben, lassen diese sich schnell ergänzen, wenn die Klassifizierung generell erfolgt ist.

6.3.2 Elektronische Rechnungen (eInvoicing)

Rechnungen, die sowohl als Dokument als auch bzgl. ihrer Daten direkt elektronisch empfangen werden können, können (unabhängig vom Format) die größten Einsparungen erbringen. Allerdings müssen die Lieferanten in der Lage und willens sein, entsprechend verarbeitbare Rechnungen zu liefern (siehe Kapitel zur Rechnungsstellung).

Ist man in Bezug auf eInvoicing sehr erfolgreich, kann dies zu der Situation führen, dass weniger Aufwand in eine Optimierung der Papierrechnungen investiert werden sollte, weil sich das aufgrund deutlich reduzierter Mengen nicht mehr wirtschaftlich darstellen lässt.

Um von einer realistischen Verteilung für die zukünftigen Prozesse auszugehen, ist somit zunächst eine Schätzung der Akzeptanz für eInvoicing im eigenen Lieferantenstamm wichtig. Beim eInvoicing sind dabei vor allem zwei Fälle zu unterscheiden:

- Nutzung des Datenaustausches (traditionell: EDI, Electronic Data Interchange)
  Daten werden direkt zwischen den IT-Systemen ausgetauscht. Der Datensatz bildet die formale Rechnung. Sofern ein PDF geliefert wird, dient dies lediglich der Visualisierung. Das Verfahren ist unabhängig vom Datenformat, z.B. EDIFACT-Standard, so dass es auch für XML-Daten gelten kann.
- Nutzung der eMail-Infrastruktur
  Elektronische **Dokumente** werden als eMail transportiert. Mitgelieferte Daten sind ein Zusatzservice, der als „Buchungshilfe" dient.

Damit ergibt sich rechtlich eine wichtige Differenzierung, weil im einen Fall die Daten, im anderen Fall der Beleg die formale Rechnung darstellt. Entsprechend ist die Prozessgestaltung steuerrechtlich unterschiedlich auszulegen.

Bei der Gestaltung des SOLL-Prozesses sollten somit für die kurz- und mittelfristige Zukunft drei Rechnungseingangskanäle (Papier, eMail, EDI) differenziert werden. Es soll nochmals betont werden, dass der Begriff „EDI" hier jegliche Verfahren bezeichnet, bei denen primär Rechnungsdaten empfangen werden (unabhängig vom Format).

Wenn eine solide Schätzung über die zukünftige (bzw. kurz- und mittelfristige) Verteilung des Rechnungsvolumens über diese drei

Kanäle vorliegt, sollte zunächst die Papiervariante in Angriff genommen werden.

6.3.3 Scannen & Erkennen eingehender Papierrechnungen

Klassischerweise dominieren heute im Eingang immer noch die Rechnungen in Papierform. Um diese Rechnungen einer elektronischen Verarbeitung zuführen zu können, müssen sie zunächst in die elektronische Form überführt werden.

Im einfachsten Fall ist das die Umwandlung in ein Bild, das der Computer speichern und weiterleiten kann, auch wenn er den Inhalt nicht „versteht". Diese Umwandlung in ein „Image" erfolgt über einen Scanner. Neudeutsch spricht man auch von „Imaging" oder „Capturing".

Das reine Scannen von Papierrechnungen entspricht in größeren Unternehmen heute dem Stand der Technik. Aufgrund der elektronischen Form bietet es vor allem Vorteile bei der internen Abstimmung und bei dem Archivieren. Die Erfassung der Rechnungsdaten ist jedoch weiterhin manuell zu leisten.

Letztlich benötigt der Rechnungsempfänger nicht nur das Bild, sondern vor allem die wesentlichen Daten der Rechnung. Eine automatische Datenextraktion erfordert mit der „Optical Character Recognition, OCR" spezielle Software, die aus dem Bild die relevanten Daten „lesen" kann. Erst mit der OCR lassen sich die Erfassungstätigkeiten minimieren, denn das „Abtippen" eines PDFs ist nicht effizienter als die Erfassung vom Papier.

Scannen und (OCR-)Erkennen sind beides Prozessschritte, die im Detail zu organisieren und mit Technik zu hinterlegen sind, damit die Potenziale optimal ausgeschöpft werden können. Ist in Ihrem Unternehmen bereits eine Optimierung des Papiereinganges über „Scannen und Erkennen" erfolgt, können Sie die nächsten Abschnitte überspringen.

Spätes Scannen

Die einfachste Form ist das sogenannte „späte" Scannen. D.h., Rechnungsverteilung, -prüfung und –freigabe erfolgen, wie bisher, auf Papier, nur die finale Archivierung erfolgt in elektronischer Form, also als gescanntes Bild.

Der große Vorteil dieses Verfahrens ist, dass die internen Abläufe – speziell außerhalb des Rechnungswesens – weitestgehend unverändert bleiben. Somit ergibt sich eine schnelle und problemlose Umsetzung.

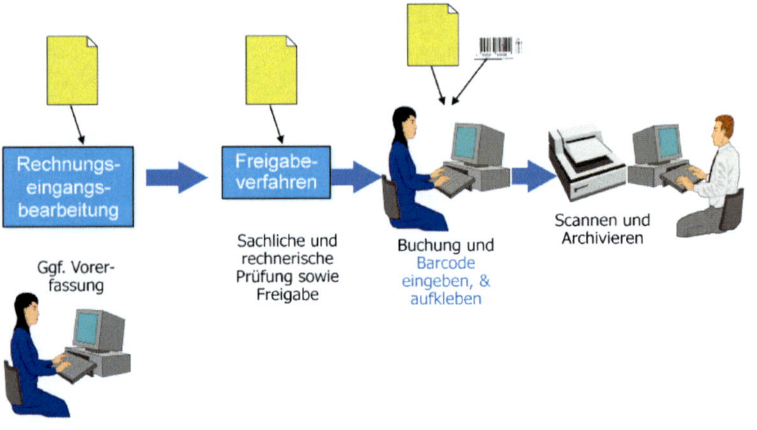

Abbildung 36: Verfahren des „Späten Scannens"

Allerdings ist der Nutzen auch gering, weil lediglich Papier eingespart wird. Man erreicht zwar auch einen schnelleren Zugriff, speziell auf alte Rechnungen, die normalerweise bereits ausgelagert wären. Diesen Vorteil erhält man jedoch erst, wenn die Bearbeitung abgeschlossen, also die Rechnung normalerweise nicht mehr von Interesse ist.

Um die Arbeitsschritte für die Buchung und das Einscannen in das Archiv unabhängig voneinander gestalten zu können, werden die Rechnungen typischerweise mit einem Barcode versehen, der bei der Buchung mit erfasst wird. Damit wird es möglich, dass die Buchhaltungs-Software und die Archiv-Software über diese gemeinsame Identifikation eine Verbindung von den Rechnungsdaten der Buchhaltung mit dem gescannten Bild im elektronischen Archiv herstellen.

Diese Lösungen sind bei mittelständischen und großen Unternehmen bereits gut etabliert.

Frühes Scannen

Primär große Unternehmen haben bereits den Schritt zum „frühen" Scannen gemacht. Beim frühen Scannen erfolgt die Umwandlung unmittelbar nachdem das Dokument in das Unternehmen eingegangen ist. Es kann nach dem Scannen direkt weitergeleitet, erfasst und ggf. gebucht werden. Konkret steht das Attribut „früh" dafür, dass das Scannen vor der Erfassung der Rechnungsdaten in den IT-Systemen erfolgt.

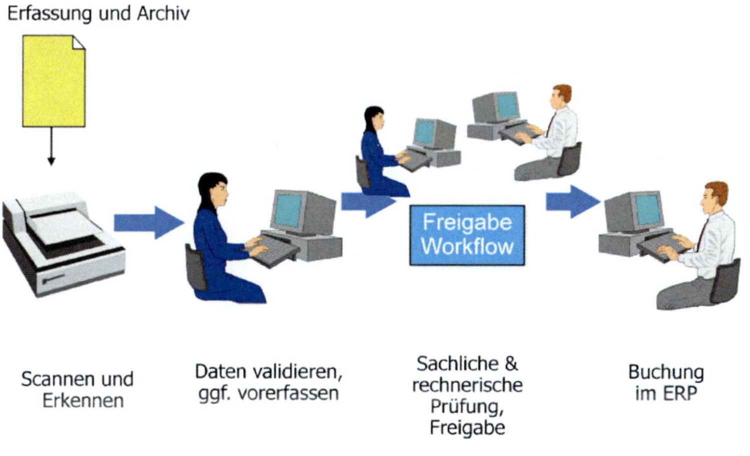

Abbildung 37: Verfahren des „frühen Scannens"

Um allerdings eine nachvollziehbare Freigabe zu realisieren und die gewünschte Transparenz über Aufenthaltsort, Freigabestatus, Summe der Forderungen etc. zu erreichen, sind die wesentlichen

Rechnungsdaten zu erfassen und es ist zusätzliche Software zur Steuerung und Statusverfolgung (Workflow) erforderlich. Weiterhin müssen sich die Rechnungsfreigeber umgewöhnen, weil die Freigabe am Bildschirm (oder über das Smartphone, Tablet etc.) und nicht mehr auf Papier erfolgt.

Eine wirkliche Optimierung der Rechnungsprüfung und -freigabe bedingt somit das frühzeitige Einscannen. Nur dann können die Vorteile der Elektronik, wie z.B. zeitliche und räumliche Unabhängigkeit zwischen Buchhaltung, sachlicher Rechnungsprüfung und verantwortlicher Rechnungsfreigabe, während des gesamten Prozesses genutzt werden.

Lediglich wenn die elektronische Archivierung im Vordergrund steht und die Rechnungsprozesse ansonsten möglichst nicht verändert werden sollen, ist das Späte Scannen eine sinnvolle Variante. Der Nutzen ist aber – wie ausgeführt - sehr begrenzt.

Scan-Organisation

Wird das (frühe) Scannen neu eingeführt, so stellen sich eine Reihe von organisatorischen Fragen. Zunächst ist zu entscheiden, wo durch wen eingescannt wird.

Grundsätzlich kann zentral in der Poststelle oder in der Buchhaltung oder dezentral, z.B. im Lager oder in der Außenstelle, eingescannt werden. Damit ist weitestgehend vorbestimmt, wer die handelnden Personen sind und welche Qualifikationen diese haben. Unstrittig ist, dass eine genaue Klassifizierung der Rechnung nur durch die Buchhalter vorgenommen werden kann. Somit kann im Vorfeld meist nur das reine Scannen ohne weitere Klassifikation erfolgen.

Geht die Rechnung nicht zentral, sondern dezentral beim Bedarfsträger ein, so kann dieser bereits eine erste Prüfung und Kostenstellenzuordnung vornehmen. Um dies zu dokumentieren, muss entweder auf alte Verfahren, z.B. Rechnungs-Allonge zurückgegriffen werden oder es muss dezentral eine Vorerfassung erfolgen, die in der Buchhaltung später der Rechnung und der

Buchung zuzuordnen ist. Im Falle der Allonge sind die Daten wiederum durch die Buchhaltung manuell zu erfassen.

Viele Unternehmen tendieren daher zu einer Zentralisierung des Rechnungseinganges. Im Extremfall bedeutet das, dass dezentral eingehende Rechnungen zunächst als Papier in die Buchhaltung gesendet werden und anschließend elektronisch wieder zum Besteller für die elektronische Freigabe zurückkommen.

Weiterhin ist zu entscheiden, was gescannt werden soll. Wenn ohne weiteres Ansehen (z.B. im Posteingang) alles eingescannt wird, obwohl sich bei der Formalprüfung Fehler zeigen, die zu einer Rücksendung führen, hätte man den Aufwand sparen können. Außerdem bedeutet dies, dass auch bei dezentralem Scannen das Original noch vorgehalten und evtl. an die Buchhaltung übermittelt werden muss. All diese Punkte führen bei vielen Unternehmen dazu, dass Buchhaltung bzw. Rechnungswesen selbst scannen.

Außerdem ist festzulegen, wie Rechnungen und Anlagen getrennt und mehrseitige Rechnungen als ein Vorgang identifiziert werden. Dies ist für die folgenden Arbeitsschritte, speziell OCR-Erkennung (siehe Erkennen von Rechnungen), wichtig. Meist lassen sich Barcode-Aufkleber nutzen, die dann aber eine klare Differenzierung der Rechnungsanlagen erlauben müssen. Lassen sich die Anlagen anhand von Schlüsselbegriffen eindeutig identifizieren, kann diese Aufgabe auch der OCR-Software übertragen werden. Dies ist jedoch selten der Fall. Da die Rechnung meist nicht unmittelbar in der Buchhaltung erfasst werden kann (es fehlt noch die sachliche Rechnungsprüfung), sollte sie mit einer temporären Identifikation versehen werden. Auch hier kann der Barcode gute Dienste leisten und hat sich somit bewährt.

Bei großen Mengen werden mehrere Rechnungsvorgänge auch aus Effizienzgründen als Stapel gemeinsam eingescannt. Allerdings müssen die Zusammenfassung der einzelnen Rechnungsseiten zum Rechnungsdokument und die Trennung von den Anlagen über Barcodes und Trennblätter im Stapel erfolgen, die dann manuell einzusortieren sind. Ab welcher Menge sich eine

Stapelbildung lohnt, lässt sich nicht allgemein beantworten, weil es von der generellen Scan-Organisation abhängt. Meist kommt es nur bei dem zentralen Scannen außerhalb der Buchhaltung zum Einsatz. Wenn jeder Buchhalter seine eigenen Rechnungen scannt, wird kaum mehr als ein tägliches Arbeitspensum gescannt, was sich meist gut manuell bewerkstelligen lässt.

Last but not least ist zu entscheiden, was mit dem Papier nach dem Scannen passiert. Steuerrechtlich ist kein Papieroriginal erforderlich. D.h., wenn die Technik funktioniert hat, also nach entsprechender Datensicherung, kann es entsorgt werden. Wegen der technischen Absicherung und weil es noch zu Rücksendungen kommen kann, erfolgt üblicherweise eine Zwischenlagerung für wenige Tage oder Wochen.

6.3.4 OCR-Erkennen von Rechnungen

Scannen liefert uns ein Bild, aber keine verarbeitbaren Daten. „Abtippen" der Daten von einem Image ist aber nicht leichter als Erfassen vom Papier. Somit stellt sich die Frage der automatischen Datenerkennung per „Optical Character Recognition".

Wichtig ist: OCR ist eine Option zur Vermeidung manueller Datenerfassung. Sie ist nicht zwingend, denn alle weiteren Prozessschritte lassen sich genauso mit manuell erfassten Daten realisieren. Auch die diversen Prüfungen, die aufgrund der Fehler der OCR notwendig werden, lassen sich analog auf manuell erfasste Daten anwenden. Dies ist insofern von Bedeutung, als OCR-Lizenzkosten (obwohl volumenabhängig) bei kleinen Mengen häufig die Wirtschaftlichkeit der Gesamtlösung fraglich erscheinen lassen. International tätige Konzerne lagern teilweise die Rechnungserfassung in Billiglohnländer aus, weil dies für sie günstiger ist. Unserer Erfahrung nach sollte bei weniger als 10.000 Rechnungen p.a. der OCR-Einsatz sehr kritisch geprüft werden.

OCR-Software ist heute in der Lage, jede Maschinenschrift mit geringer Fehlerrate zu erkennen. Die Fehlerrate hängt vor allem von der Qualität des gescannten Images ab und den verwendeten Schriftarten und –größen. Während man den ersten Faktor beeinflussen kann, ist das beim zweiten nicht der Fall.

Herstellerangaben sind teilweise irreführend, weil eine Fehlerrate von „nur“ 1% auf Zeichenebene zu 10 Fehlern bei 1000 Zeichen führt. Eine Rechnung hat leicht mehrere 1000 Zeichen. Außerdem bedeutet ein Fehler in einem Feld, dass das ganze Feld falsch ist.

> OCR-Erkennung ist abhängig von
>
> - Scan-Auflösung und Bildoptimierung
> - Klassifikation, Formular oder Freeform
> - Schriftarten und -größen
> - Farbe oder Schwarz-Weiß
> - Verschiedene Erkennungsverfahren und Voting

In der Praxis werden ca. 60% der Felder richtig erkannt. Die Erkennung kann durch mehrere parallele Erkennungsverfahren, Plausibilitätsprüfungen und Abgleiche mit bekannten Daten, z.B. Lieferantenstamm und Bestellungen, deutlich erhöht werden. Für einige Rechnungen sind so 100% Erkennung realisierbar. Dies gilt aber nie für alle Rechnungen.

Die OCR-Software muss heute nicht mehr bzgl. des Rechnungslayouts trainiert werden, sondern erkennt die Lokation der wesentlichen Rechnungsinformationen eigenständig. Prinzipiell kann so ein Stapel unterschiedlichster Rechnungen automatisch verarbeitet werden. Sofern Fehler korrigiert werden müssen, sind die Systeme auch in der Lage, aus diesen Korrekturen zu „lernen“, so dass in der Trainingsphase mit mehr Korrekturen zu rechnen ist, sich der Nachbereitungsaufwand aber schließlich auf einem geringeren Niveau einpendelt.

Bei der Vielfalt möglicher Layouts ist jedoch auch hier mit Fehlern zu rechnen, die ebenfalls über Plausibilitätsprüfungen und Datenabgleich deutlich reduzierbar sind. Eine wichtige Entscheidung ist daher die Forderung, nicht nur Kopf- und Fußdaten, sondern auch die Positionsdaten aus der Rechnung zu extrahieren. Speziell bei umfangreichen Rechnungen, bei denen sich die einzelnen

Positionen auf mehrere Seiten verteilen, steigt die Fehlerrate der OCR deutlich an. Damit ergibt sich ein größerer Nachbearbeitungsaufwand.

Bei Rechnungen mit Bestellbezug reicht häufig die Erkennung der Kopf- und Fußdaten und es muss nicht jede einzelne Positionszeile erkannt werden, weil die Bestelldaten im System sind und „nur" visuell mit der Rechnung abzugleichen sind. Ähnlich verhält es sich mit sehr einfachen Rechnungen oder Rechnungen, bei denen die Positionen für die eigene Buchhaltung nicht von Belang sind, z.B. Mobilfunk-Rechnungen.

Eine Erkennung der Positionsdaten ist somit nur dann zu empfehlen, wenn diese gegen entsprechende Bestelldaten abgeglichen werden können oder das Layout der entsprechenden Rechnungen sehr einfach ist.

Verifizierung und Validierung

Aufgrund der unvermeidbaren Fehler bei der OCR-Erkennung muss die Erkennungsgenauigkeit verifiziert werden. Wie erwähnt, kann dies unter anderem auch über den Abgleich mit vorhandenen Daten, z.B. Lieferantenstamm, Bestellungen, Wareneingang erfolgen. Damit werden gleichzeitig die Rechnungsinhalte validiert, denn wenn für einen erkannten Lieferanten keine Bestellung existiert, ist evtl. einfach der Lieferantenname falsch erkannt worden. Eine der wichtigsten Maßnahmen für die Verbesserung der Prozesseffizienz ist somit organisatorisch: „Erhöhung des Anteils der Rechnungen mit Bestellbezug".

Jedoch bleibt auch dann das Problem, dass man nicht für alle geringwertigen und einmaligen Bestellungen zwangsweise einen eigenen Kreditor anlegen will. Der Umgang mit Sammelkreditoren (bei SAP als CPD bezeichnet), muss somit bei den Prüfungen berücksichtigt werden.

Es werden nicht nur die Felder einzeln abgeglichen, sondern sie werden auch gegeneinander bzw. auf Plausibilität geprüft, z.B. Netto + MwSt. = Brutto. Hinzu kommen Prüfungen auf Vollständigkeit. Vollständigkeit der Pflichtfelder nach §14, UStG lässt sich beispielsweise automatisch prüfen. Dies können auch Dienstleister, da dazu keine Daten des Empfängers notwendig sind.

Pflichtangabe	§14 Abs. 4 Satz	Beschreibung
Steuer	Nr. 8	Ist Steuer für Gesamtbetrag ausgewiesen? Entspricht diese den deutschen Steuersätzen?
Steuernummer	Nr. 2	Steht eine formal gültige Steuernummer oder Umsatzsteueridentnummer auf der Rechnung?
Rechnungsnummer	Nr. 4	Steht eine Rechnungsnummer auf der Rechnung?
Rechnungsdatum	Nr. 3	Steht ein Rechnungsdatum auf der Rechnung?
Empfänger	Nr. 1	Steht als Rechnungsempfänger die eigene Firma bzw. eine gültige Teilgesellschaft auf der Rechnung? Kleine Schreibfehler oder Veränderungen in der Schreibweise sind zulässig.
Lieferant	Nr. 1	Steht ein bekannter Lieferant auf der Rechnung und stimmen die Adressangaben mit denen in den Stammdaten überein? Sind Name und Adresse vollständig angegeben?

Abbildung 38: Prüfung gemäß §14 UStG

Die Erkennungs-Software hinterlegt die Felder typischerweise farblich danach, ob das Feld mit hoher Wahrscheinlichkeit richtig erkannt wurde (grün), unsicher ist (gelb) oder nicht erkannt werden konnte (rot).

Die Prüfungen, Abgleiche und Korrekturen der OCR-Fehler werden unter dem Begriff „Verifizierung" oder „Validierung" zusammengefasst. Verifizierung bezieht sich eher darauf, dass OCR-Lesefehler minimiert werden, während Validierung prüft, ob die Angaben in der Rechnung zu den eigenen Informationen (z.B. Bestelldaten) passen. Häufig gehen diese Prüfungen jedoch ineinander über, weil eine Abweichung immer auch aus einem Lesefehler resultieren kann und letztlich alle Möglichkeiten im Sinne einer möglichst automatischen Rechnungsprüfung genutzt werden sollten.

Die Begriffe Verifizierung und Validierung sind somit nicht klar voneinander zu trennen, sondern Teil der Prüfungen, die im Rahmen des organisatorischen Konzeptes zu gestalten sind. Hinzu kommen eher technische Prüfungen, z.B. bzgl. des verwendeten Zeichensatzes (wichtig bei ausländischen Rechnungen), zulässiger Feldlängen etc.

Die genannten Prüfungen verringern nicht nur die OCR-Fehlerrate deutlich, sondern beschleunigen auch die Erfassung und vermeiden potenzielle Erfassungs- oder Flüchtigkeitsfehler bei der formalen Prüfung.

Fehlerbehandlung

Die Frage, ab wann eine Rechnung zurückgesendet werden muss, ist auf jeden Fall im Projekt zu beantworten. Fehler in den Pflichtangaben können bei entsprechender Nachvollziehbarkeit, z.B. über ein verknüpftes Berichtigungsdokument, korrigiert werden. Soll das genutzt werden? Wenn ja, wie genau? Reicht eine falsche Hausnummer in der Adresse oder müssen gröbere Abweichungen vom SOLL vorkommen, denn die Rückweisung ist auch für den Empfänger mit Aufwand verbunden?

Bei fehlerhaften Beträgen muss immer dann eine Stornierung und Neuausstellung erfolgen, wenn bereits eine Buchung erfolgte, weil sonst Abweichungen in den Steuerberechnungen unvermeidbar sind. Dies trifft zu diesem Zeitpunkt eher den Rechnungssteller als den Rechnungsempfänger. Letztendlich muss sich aber der Rechnungsempfänger auf den Fall einer Stornierung und Neuausstellung in seinem Prozess vorbereiten. Vor allem stellt sich die Frage, was passiert mit der falschen Rechnung bis zum und nach dem Eintreffen der neuen Rechnung?

Natürlich werden bei dem Abgleich mit dem Lieferantenstamm auch Fehler in den eigenen Stammdaten entdeckt. Hier ist im Rahmen der Fehlerbehandlung auch zu bestimmen, wie damit umzugehen ist. D.h., welche Differenzen werden durch wen korrigiert?

All diese Fragen sind weitestgehend unabhängig von der Technik, müssen für einen funktionierenden Rechnungseingangsprozess aber unbedingt beantwortet werden. Es ist somit offensichtlich, dass die Verifizierung und Validierung nur von entsprechend qualifiziertem Personal durchgeführt werden kann.

Internationale Rechnungen

Teilweise sind die Systeme sogar dazu in der Lage, bei ausländischen Rechnungen die Verwendung der richtigen Steuersätze zu prüfen. Dies ist besonders komplex, weil die jeweilige Länderkonstellation mit den jeweiligen Besonderheiten, z.B. Kleinbetragsgrenzen, zu berücksichtigen ist. Hier unterscheidet sich auch die Leistungsfähigkeit der entsprechenden Produkte.

Der Aufbau einer internationalen Lösung ist eine besondere Herausforderung für die Erkennung. Zwar ist die Wirtschaftlichkeit aufgrund der höheren Volumina bei Zentralisierung besser, aber zu bedenken ist, dass:

- unterschiedliche Sprachen, Zeichen etc. schwerer zu erkennen und klassifizieren sind.

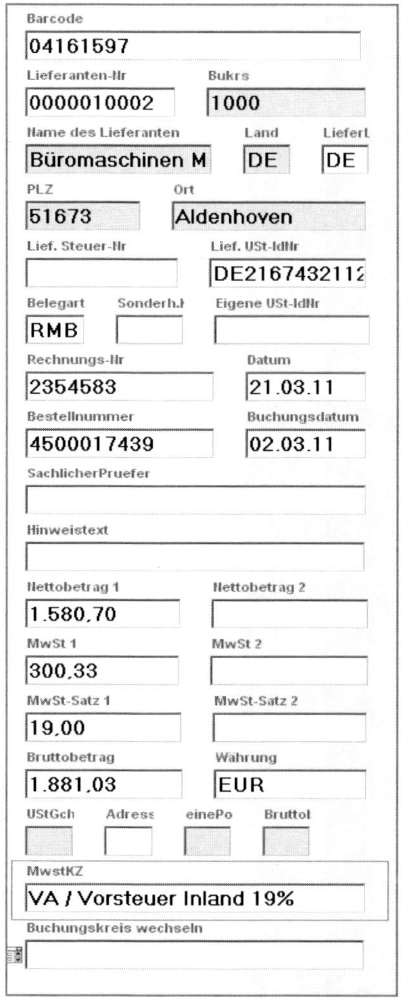
Barcode: 04161597
Lieferanten-Nr: 0000010002
Bukrs: 1000
Name des Lieferanten: Büromaschinen M
Land: DE
LieferL: DE
PLZ: 51673
Ort: Aldenhoven
Lief. Steuer-Nr:
Lief. USt-IdNr: DE216743211
Belegart: RMB
Sonderh.I
Eigene USt-IdNr
Rechnungs-Nr: 2354583
Datum: 21.03.11
Bestellnummer: 4500017439
Buchungsdatum: 02.03.11
SachlicherPruefer
Hinweistext
Nettobetrag 1: 1.580,70
Nettobetrag 2
MwSt 1: 300,33
MwSt 2
MwSt-Satz 1: 19,00
MwSt-Satz 2
Bruttobetrag: 1.881,03
Währung: EUR
UStGch
Adress
einePo
BruttoI
MwstKZ: VA / Vorsteuer Inland 19%
Buchungskreis wechseln

Abbildung 39: Prüfung Steuersatz
(Beispiel Henrichsen)

- unterschiedliche Aufbereitung der Daten erforderlich ist, aufgrund
  - verschiedener Prüfverfahren,
  - verschiedener Daten für formale und rechnerische Prüfung,
  - verschiedener Prozessvarianten und Buchungstransaktionen.
- verschiedene Rundungsverfahren automatische Prüfungen schwierig machen.
- verschiedene Bestell- und Buchhaltungssysteme automatische Prüfungen komplex machen.

Sollen internationale Rechnungen, z.B. als Shared Service, verarbeitet werden, empfiehlt sich somit ein sukzessives Vorgehen für einzelne Länder(gruppen).

6.3.5 Verarbeitung elektronischer Rechnungen

Scannen und Erkennen dienen letztlich „nur" dazu, die Daten aus der Eingangsrechnung in die eigene Buchhaltung zu bekommen. Sie sind manuell aufwändig und benötigen sehr leistungsfähige IT-Systeme.

Viel besser wäre es somit, wenn die Rechnungen gleich elektronisch ins Haus kämen und die Daten in einem direkt importierbaren Format mitbrächten. Dies ist das Ziel bei dem Austausch elektronischer Rechnungen (eInvoice).

Heute ist der Anteil elektronisch eingehender Rechnungen noch gering. Es ist aber davon auszugehen, dass sich dies in nächster Zeit ändert. „Insellösungen" müssen somit unbedingt vermieden werden. Organisatorisch (und technisch) sollte die Einbindung der elektronischen Rechnung wie die als Papier eingehende Rechnung einem einheitlichen Konzept folgen.

Idealerweise umfasst die Prozessgestaltung den gesamten Beschaffungsprozess, in dem die elektronische Rechnung auch nur ein Teil ist. Wir haben schon gesehen, dass die formale Prüfung der Rechnung umso schneller und fehlerfreier erfolgt, je mehr Daten, z.B. von Bestellung und Wareneingang vorliegen. Weitere Vorteile werden wir noch in diesem Kapitel in Bezug auf die Rechnungsfreigabe beschreiben.

Prozessgestaltung für elektronische Rechnungen

Das Verfahren zur Verarbeitung elektronisch eingehender Rechnungen hängt naturgemäß von den Formaten und Schnittstellen ab, die der Rechnungssteller bereitstellen kann. Hinzu kommt, dass sich je nach Volumen unterschiedliche Verfahren anbieten.

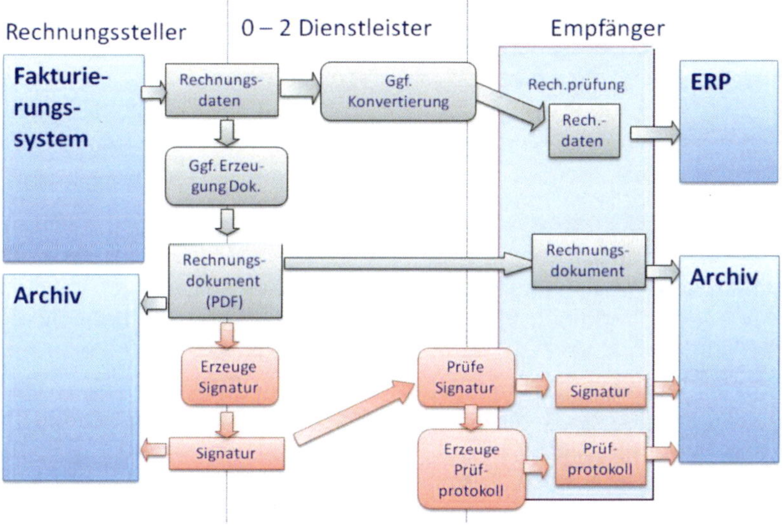

Abbildung 40: Eingangsbearbeitung eInvoice (rot=optional)

Ein wichtiger Aspekt ist dabei die Frage der benötigten oder gewünschten Sicherheit auf dem Übertragungsweg. Bisher mussten in der EU elektronische Rechnungen über eine elektronische Signatur gesichert werden. Diese Vorgabe ist in Deutschland bereits zum 1.7.2011 weggefallen und ist gemäß EU-Richtlinie seit dem 1.1.2013 in der gesamten EU nur noch optional. Natürlich darf sie weiter benutzt werden. D.h., Rechnungssteller können mit Signaturen (und ggf. Zeitstempel) Sicherheit aufbringen und Rechnungsempfänger können solche Signaturen auch prüfen, um zusätzliche Sicherheit bzgl. der „Unversehrtheit des Inhalts" (Integrität) und der „Echtheit der Herkunft" (Authentizität) zu erhalten.

Es steht außer Zweifel, dass die Erfassung einer PDF-Rechnung vom Bildschirm nicht effizienter oder angenehmer ist als die Erfassung einer Papierrechnung.

Zu klären ist daher die Frage, ob nur das (PDF-)Dokument oder auch die Daten geliefert werden. Wenn beides geliefert wird, lassen sich die Daten in die IT importieren und das Dokument elektronisch archivieren. Wichtig ist dabei – neben der Formatfrage – wie die Integrität zwischen Daten und Dokument gesichert wird, denn es wäre fatal, wenn die Inhalte nicht übereinstimmen würden und dies bei der formalen Rechnungsprüfung nicht auffällt.

Aus Sicht der Prozessgestaltung beim Empfänger ist es wichtig zu bedenken, dass die Rechnungen meist nicht direkt in das Buchhaltungssystem eingegeben werden, sondern zunächst einem Freigabe-Workflow, also einem vorgeschalteten Software-System zuzuführen sind. Außerdem sind Dokument und/oder Daten in – meist ebenfalls eigenständigen – Systemen zu archivieren. Wann, was, wo archiviert wird, muss Teil des organisatorischen Konzeptes sein. Wie dies technisch erfolgt, klärt sich dann im technischen Konzept.

Sollen Signaturen genutzt werden, sind auch dafür ein entsprechender Datenfluss und die Archivierung vorzusehen.

Vom Umgang mit Rechnungsdaten

Da der Empfänger keine Kontrolle über Erstellung und Versand der Rechnung hat, muss letztendlich immer damit gerechnet werden, dass es zu Abweichungen kommen kann und der Empfänger nicht für (unentdeckte) Fehler des Rechnungsstellers oder bei der Übertragung haften kann. Verschiedene Sicherheitsmaßnahmen – auch in Kombination - sind denkbar:

- Rechnungssteller haftet für Integrität von Dokument und Daten bis zum Empfänger (eher unwahrscheinlich)
- Nutzung ePost oder De-Mail als sichere Übertragung
- Einschaltung eines Dienstleisters

Für eine etwaige Steuerprüfung ist somit auch zu klären, ob das Dokument oder die Daten (wie bei EDI) die formale Rechnung darstellen. Wenn die Daten die Rechnung darstellen, kann es keine Abweichung in der Buchhaltung geben. Das (PDF-) Dokument stellt in diesem Fall nur die Visualisierung der Daten dar, ist somit nur ein Hilfsmittel und nicht verbindlich. Bei Abweichungen müsste man die – ohnehin zu archivierenden - Originaldaten über einen anderen Weg visualisieren. In diesem Fall muss natürlich der Datensatz selbst alle Pflichtangaben gemäß §14 UStG enthalten, weil er jetzt formale Rechnung und nicht mehr nur „Buchungshilfe" ist.

In der Schweiz betrachtet man daher bereits seit längerem die Daten und nicht das Dokument als formelle Rechnung. Für KMU ist dieser Ansatz aber eher schwierig, weil zu technisch. Eine einseitige Festlegung schränkt somit die Anzahl möglicher Austauschpartner stark ein.

Besser ist somit ein hybrider Ansatz, bei dem sowohl ein Dokument (Rechnungsabbild) als auch die entsprechenden Daten geliefert werden. Der Empfänger kann dann frei entscheiden, ob für ihn das Dokument oder die Daten den Buchhaltungsbeleg darstellen. Es sollte dies in seiner Verfahrensbeschreibung dokumentieren, weil er sich dann nicht mehr um eventuelle Abweichungen in der jeweils anderen Repräsentation kümmern muss.

Entscheidet der Empfänger sich für die Daten als verbindlichen Beleg, so ist eine Möglichkeit der Visualisierung dieser Daten vorzusehen, denn das Dokument könnte Abweichungen haben und darf daher nicht als verlässliche Referenz gesehen werden.

Die Visualisierung kann entweder über spezielle Viewer erfolgen oder durch die – bereits erwähnte – Software für den Freigabe-Workflow. Der zweite Ansatz ist zu bevorzugen, da generelle XML-Viewer für die Mitarbeiter des Rechnungswesens meist immer noch unhandlich sind.

Entscheidet der Empfänger sich für das Dokument als verbindlicher Beleg, ist bei dem Import der XML-Daten die gleiche Sorgfalt, wie bei der heutigen Prüfung der manuellen Erfassung notwendig, da sonst die Buchhaltungsdaten von den Belegdaten abweichen können, was – auch noch Jahre später – zu Nachzahlungsforderungen aufgrund unberechtigter Vorsteuerabzügen führen könnte.

Diese Empfehlungen zur Handhabung von Dokument und Daten gelten zunächst unabhängig davon, ob der Rechnungssteller eine Inkarnation als „Duplikat" und eine als „Beleg" gekennzeichnet hat. Jedoch ist bei einer Abweichung von dieser Vorgabe eine erhöhte Sorgfalt geboten, weil der Rechnungssteller mit seinem Vermerk bereits signalisiert, was für ihn als verbindlich gilt.

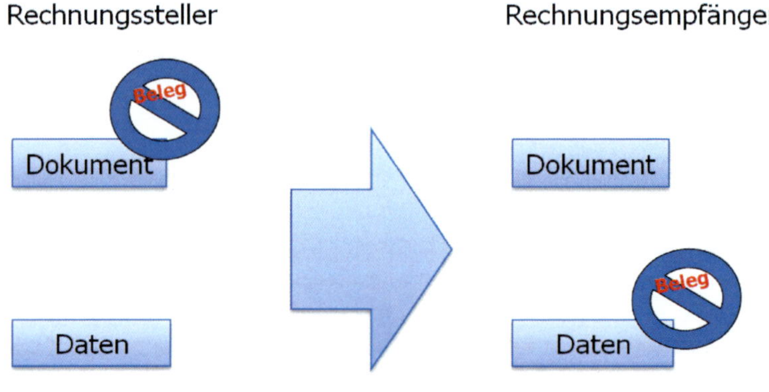

Abbildung 41: Mögliche Verteilung der Belegfunktionalität

Bei dem Empfang von Daten stellt sich die Problematik der Datenformate. Da es – bisher, wir kommen noch drauf – keinen einheitlichen Standard gibt, sind häufig Konvertierungen erforderlich. Dies ist relativ problemlos bei der Nutzung anerkannter Standards oder auch bei der Einschaltung von spezialisierten Dienstleistern.

Sollen aber mit den unterschiedlichen Partnern sehr viele und/oder sehr spezifische Formate ausgetauscht werden, so kann dieser Umstand das notwendige Investment erheblich erhöhen und damit den ROI stark verschlechtern. Viele Projekte sind genau an diesem Punkt gescheitert.

6.3.6 Prüfung elektronischer Rechnungen

Die beschriebene Prüfungslogik lässt sich auch auf Rechnungen anwenden, die elektronisch, z.B. als PDF, eingehen. Sofern die Eingangsbearbeitungs-Software ein entsprechendes Input-Format akzeptiert, lassen sich die elektronischen Rechnungen hier ebenfalls einschleusen und damit auch den o.g. Prüfungen unterziehen, die sehr unternehmensspezifisch sein können.

In Fall von PDF-Rechnungen[2] gilt jedoch: Falsche Daten wurden falsch geliefert, es geht also nicht um die Erkennungsrate des eigenen OCR. D.h., hier ist bei Fehlern auf jeden Fall eine Rückmeldung an den Lieferanten erforderlich.

---

[2] PDF-Rechnung bezeichnet hier eine Rechnung mit codierten Informationen und **keine gescannte** Rechnung, die in einen PDF-Container gepackt wurde.

6.3.7 Signaturprüfung

Auch wenn Signaturen in der EU ab 01.01.2013 nicht mehr verpflichtend sind, so sind sie international doch ein relativ standardisiertes Mittel, um Authentizität und Integrität zu prüfen.

Da sich einige Mittelmeeranrainer in der Vergangenheit sehr stark auf diese Technologie gestützt haben und Forderungen aufgestellt haben, die mit EU-Recht nicht abgedeckt waren, bleibt abzuwarten, ob diese Staaten auch gänzlich auf die Signatur verzichten werden.

Wenn eine Rechnung mit Signatur geliefert wird, empfehlen wir, diese Signatur auch zu prüfen. Das Ganze lässt sich vollständig automatisieren und ergibt auf jeden Fall zusätzliche Sicherheit, auch wenn die Signaturverifikation seit dem 01.07.2011 in Deutschland nicht mehr verpflichtend ist.

Die Prüfung erfolgt immer per Software und über eine Online-Abfrage beim Herausgeber des Zertifikats (Trust-Center). Je nach Volumen gibt es unterschiedliche Produkte und Dienstleistungsangebote. Soweit nur wenige Rechnungen betroffen sind, kann die Prüfung entweder über ein Web-Portal oder eine kostenlos herunterladbare Prüf-Software erfolgen. Auch beim Dienstleister liegt die Signaturverifikation i.a. im einstelligen Cent-Bereich. Die Kostenseite ist somit vernachlässigbar.

- Prüfung umfasst
  - Gültigkeit Prüfsumme (Hash/Fingerprint)
  - Gültigkeit Zertifikat des Senders
  - Gültigkeit Zertifikatspfad
- Zertifikatsprüfung umfasst
  - Prüfung gespeicherter Gültigkeitszeitraum
  - Prüfung gegen Sperrliste des Trust Center (online)
- Prüfung erfolgt
  - Automatisch über Client-Software
  - Zentral über Server/Signaturbox
  - Bei Dienstleister
- Nachweis durch Prüfprotokoll

Die Einzelheiten dieser Verifikation sind i.a. ohne Belang. Die Buchhaltung – ggf. mit der IT-Abteilung – muss sich erst dann mit der einzelnen Prüfung beschäftigen, wenn eine Prüfung fehlgeschlagen ist. Ansonsten wird nur zur Dokumentation das Prüfprotokoll archiviert.

6.3.8 Vorerfassung

Es ist genau zu definieren, wann welche Daten, Dokumente, Protokolle an welches System gehen. Das ist in erster Linie eine organisatorische Frage, weil dahinter die Frage steht, wann welche Informationen wo benötigt werden bzw. wie rechtliche Anforderungen erfüllt werden sollen.

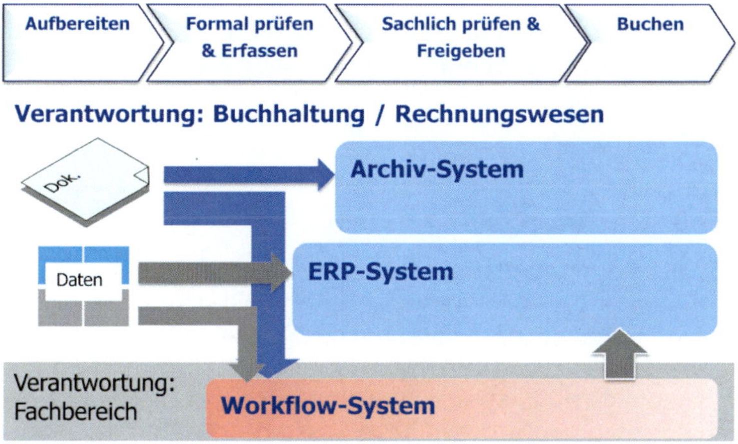

Abbildung 42: Beleg- und Datenfluss in den Systemen

Daten können direkt an eine Vorerfassung im ERP-, Buchhaltungs- oder Workflow-System übergeben werden. Die Gestaltung hängt alleine davon ab, wann die Daten in welchem System benötigt werden. Die Komplettierung der Daten kann auch im ERP erfolgen. Häufig werden die Daten wegen der laufenden Berichte frühzeitig an das ERP übergeben, aber mit einer Zahlsperre versehen, weil die Rechnung zunächst noch in einem Freigabe-Workflow sachlich zu prüfen ist.

Prinzipiell kann die Vorerfassung – bzw. der Datenimport - mit der gleichen Maske für alle Rechnungsarten erfolgen. Das hängt aber primär von dem verwendeten ERP ab, weil für unterschiedliche Rechnungsarten verschiedene Pflichtfelder gültig sein können. Der Grad der Automatisierbarkeit hängt vor allem davon ab, wie gut die Daten vorbereitet werden konnten und was das Zielsystem erwartet.

Bei SAP-Anwendern ist häufig die Nutzung der bekannten Transaktionen (und zugehörigen Masken) gewünscht. Dies ist mit den gängigen Software-Systemen machbar. Es ist jedoch zu bedenken, dass SAP aufgrund umfangreicher Vollständigkeits- und Plausibilitätschecks gut aufbereitete Daten verlangt, die eventuell zu diesem Zeitpunkt noch nicht vorliegen. Dies soll jedoch nicht dazu führen, dass die SAP-Prüfungen noch einmal in den Workflow einprogrammiert werden. Stattdessen sollten eher die SAP-Vorerfassungen und SAP-Prüfungen so weit wie möglich genutzt werden, auch wenn noch Ergänzungen im Freigabe-Workflow erforderlich sind.

6.3.9 Rechnungseingangsbuch

Sind die Rechnungsdaten ausreichend verifiziert für die Übergabe an ERP oder Freigabe-Workflow, erfolgt typischerweise eine Darstellung in Form eines elektronischen Rechnungseingangsbuches. Teilweise sind die gescannten Dokumente über entsprechende Verknüpfungen direkt aufrufbar. In diesem „Buch" sind alle offenen Rechnungen (und damit die ausstehenden Forderungen) mit ihrem Status (häufig als „Ampel") verfolgbar.

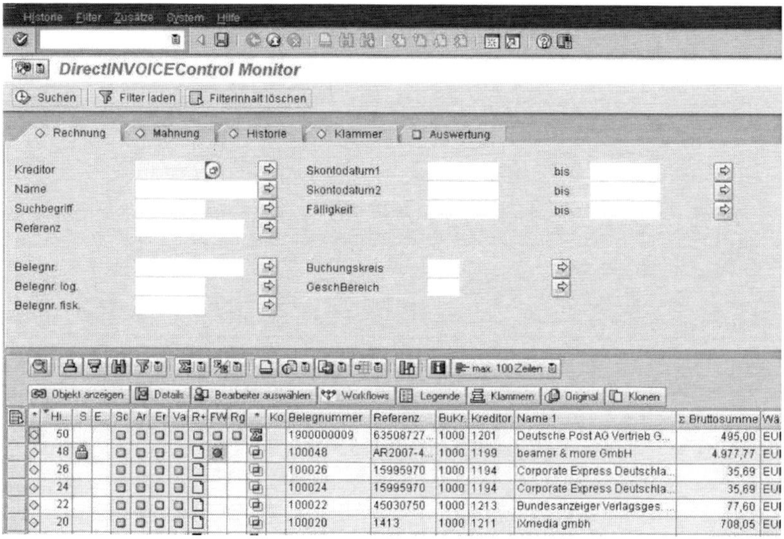

Abbildung 43: **Rechnungseingangsbuch in SAP** (Quelle: AFI)

Dieses Rechnungseingangsbuch ist für das Rechnungswesen DAS wesentliche Element, um die - immer gewünschte – bessere Transparenz der offenen Rechnungen zu erhalten. Für Handhabung und Akzeptanz der Lösung durch den Finanzbereich kommt dieser Komponente somit sehr hohe Bedeutung zu. Häufig wird bei der Produktauswahl aber vergessen, dass mit der Einführung einer elektronischen Rechnungsfreigabe ein ähnlicher Bedarf auch bei den Prüfern und Freigebern der Rechnungen für ihren jeweiligen Zuständigkeitsbereich entsteht.

Akzeptanzfördernd und im Interesse des Rechnungswesens kann es somit sein, auch den Prüfern und Freigebern ein reduziertes Rechnungseingangsbuch zur Verfügung zu stellen, weil gleiche Rechnungen auch über einen längeren Zeitraum gleich – also unabhängig von der Tagesform - behandelt werden sollten.

Dies ist frühzeitig zu berücksichtigen, denn je nach technischer Implementierung ist die nachträgliche Realisierung für diesen

Personenkreis aufwendig, weil sie häufig nicht mit dem ERP arbeiten (sollen).

Die Daten können auch direkt an das ERP übergeben werden. Endgültig gebucht werden können sie aber nur, wenn zweifelsfrei ist, dass Lieferung oder Leistung ohne Beanstandung erbracht wurden und auch die Kontierung eindeutig ist. In diesen Fällen kann eine sogenannte „Dunkelbuchung" erfolgen, bei der keine manuelle Kontrolle mehr erfolgt.

Ist das nicht der Fall, so sind die Daten zunächst an den Rechnungsprüfungsprozess bzw. Freigabe-Workflow zu übergeben, der häufig nicht in dem Buchhaltungssystem realisiert ist. Will man die Daten aus Gründen der Transparenz und Auswertbarkeit dennoch im ERP haben, so ist dies ebenfalls möglich.

6.3.10 Archivierung

Spätestens wenn die Rechnung die formelle Prüfung bestanden hat, sollte sie in das elektronische Archiv. Zwar können sich während der sachlichen Prüfung weitere Ablehnungsgründe ergeben, jedoch kann die sachliche Prüfung mehrere Tage und Wochen in Anspruch nehmen. Eine – relativ ungesicherte – Zwischenspeicherung für einen solchen Zeitraum widerspricht den Anforderungen von Handelsgesetzbuch (HGB) und Abgabenordnung (insbesondere §§146, 147, 200 AO), so dass die vorherige Archivierung dringend empfohlen wird. Dies bedingt natürlich auch die Definition eines „Storno-Verfahrens" für den Umgang mit Rechnungen, die die sachliche Prüfung nicht bestehen.

Speziell in IT-Abteilungen wird häufig die Meinung vertreten, dass Archivierung kein Problem sei, weil alles im ERP oder im Backup gespeichert sei. Dies kann je nach IT-Lösung im Einzelfall richtig sein, ist es aber häufig nicht. Die Frage ist, ob sich einzelne Belege (also nicht ein gesamtes Backup-Image) originalgetreu reproduzieren lassen. Bei Ausgangsrechnungen aus dem ERP bedingt das beispielsweise eine exakte Versionierung und Reproduzierbarkeit vorheriger Stände bei den Stammdaten.

Wie bereits bei den rechtlichen Anforderungen ausgeführt, sind elektronisch eingehende Rechnungen („originär elektronisch") **immer** auch elektronisch zu archivieren. Ein Ausdruck ist nicht mehr elektronisch prüfbar und wird den Anforderungen der Steuerbehörden somit nicht gerecht.

Das beliebte Verfahren, PDF-Rechnungen auszudrucken und im Ordner abzuheften, widerspricht somit den Vorgaben und kann bei der Steuerprüfung zu erheblichen Problemen führen. Diese Anforderungen stellt für KMU eine Hürde dar und ist mittlerweile auch in die Diskussion gekommen. Eine Änderung ist aber derzeit noch nicht absehbar.

Letztlich ist die elektronische Archivierung aber relativ problemlos im Haus oder auch über Dienstleister machbar. Auch hier sind für viele Unternehmen die organisatorische Seite und die Verfahrensdokumentation das größere Problem.

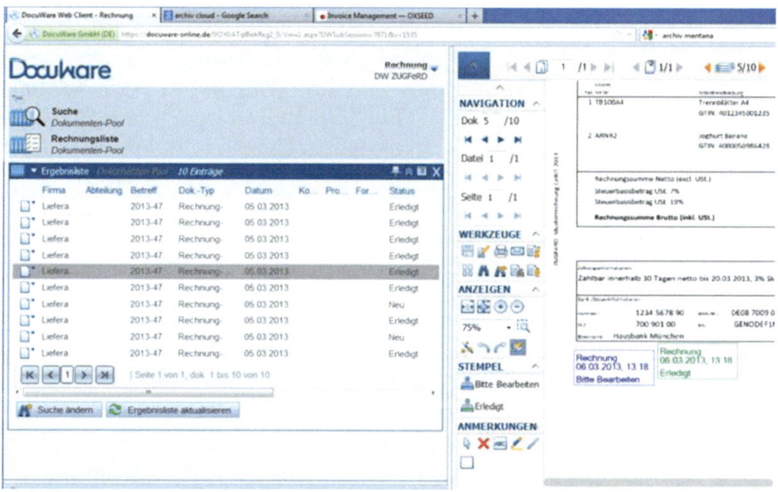

Abbildung 44: Online-Lösung für die Archivierung
(Quelle: DocuWare)

Größere Unternehmen haben meist bereits elektronische Archive. Für diese muss „nur" ein zusätzlicher Eingangskanal definiert werden. Meist handelt es sich um vollautomatisierte Importprozesse, bei denen die Dokumente und zugehörigen Daten aus vordefinierten Verzeichnissen automatisch in das Archiv übernommen werden. Gleichzeitig können auch Signaturen und ggf. Verifikationsprotokolle übernommen werden. Bei signierten Rechnungen ist auch nach Ablauf des Zertifikats keine Nachsignatur erforderlich. Wie der Archivierungsprozess im Einzelnen zu gestalten ist, hängt vor allem von der Art der technischen Gegebenheiten ab (ein oder viele Objekte, welche Formate etc.).

Wichtig ist die Zuordnung der Rechnungsobjekte zu den Daten des Buchhaltungssystems, weil später typischerweise über die Informationen des Buchhaltungssystem die entsprechende Rechnung gefunden werden soll. Dies erfordert nicht zwingend eine direkte Schnittstelle, aber zumindest gemeinsame Schlüsselkriterien, z.B. Rechnungsnummer des Lieferanten.

Die Archivierung von Rechnungsvorgängen, egal ob gescannt oder elektronisch übernommen, gehört für alle Anbieter von elektronischen Archiven (teilweise auch unter den Begriffen „Dokumenten-Management-Systeme" oder „Enterprise Content Management") zum Kerngeschäft. Die Anforderungen für die reine Archivierung in organisatorischer, rechtlicher und technischer Sicht können alle namhaften Systeme erfüllen.

Dennoch werden häufig Zusatzmodule für die Rechnungsverarbeitung geboten, die eher spezielle Funktionalitäten für die Erkennung (siehe oben) oder die Rechnungsfreigabe (siehe unten) enthalten, also weit über die reine Archivierung hinausgehen.

Diese Aufgaben werden auch von Dienstleistern angeboten. Es kann sich dabei entweder um einen Zusatzservice bei einem „Consolidator" oder auch um spezielle Archiv-Dienstleister handeln. Der Anwender ist hier frei in der Wahl seines Dienstleisters, so lange er dafür sorgt, dass die bekannten Anforderungen von HGB und AO eingehalten werden. Orientierung bieten dabei vor allem die GoBS und hier immer auch die GDPdU. Für die entsprechenden Anforderungen, wie Vollständigkeit, Unveränderbarkeit, Ordnungsmäßigkeit, Prüfbarkeit etc., hat sich der Überbegriff „Revisionssicherheit" etabliert.

Anforderungen der „Grundsätze ordnungsgemäßer DV-gestützter Buchführungssysteme", GoBS sind als „Good Governance" generalisierbar

- Ordnungsmäßigkeit ☐
- Vollständigkeit ☐
- Nachvollziehbarkeit ☐
- Prüfbarkeit ☐
- Sicherheit des Gesamtverfahrens ☐
  - Schutz vor Veränderung und Verfälschung ☐
  - Sicherung vor Verlust ☐
  - Nutzung nur durch Berechtigte ☐
- Einhaltung der Aufbewahrungsfristen ☐
- Dokumentation des Verfahrens ☐

Abbildung 45: Checkliste GoBS

ABER: Revisionssicherheit ist KEINE technische Eigenschaft und lässt sich nicht mit dem Archivsystem kaufen („Zertifikat"). Entscheidend ist die Gesamtlösung bestehend aus dem Prozess, inkl. der Aufgabenverteilung und der Anwendung der technischen Möglichkeiten, z.B. technischen Prüfungen und Sicherheitseinrichtungen.

Der Nachweis der Einhaltung von GoBS und GDPdU ist letztlich durch „Verfahrensbeschreibungen" für den Gesamtprozess zu erbringen. Die Verfahrensbeschreibung kann durchaus aufgeteilt sein, in einen Teil, den der Dienstleister erbringt und die Prozessteile, die im Unternehmen selbst abgedeckt werden.

Aber Achtung: Reine Cloud-Lösungen, bei denen der Lagerort nicht eindeutig festgelegt ist und auch in einem Nicht-EU-Land sein kann, sind juristisch nicht fassbar und werden von den Steuerbehörden evtl. nicht akzeptiert.

6.3.11 Archivierung elektronischer Rechnungen

Speziell für elektronisch empfangene Rechnungen stellen sich einige besondere Fragen. Etablierte Prozesse müssen angepasst werden. Dies gilt besonders, wenn ein Datensatz die Rechnung bildet. Die Visualisierung über einen speziellen Viewer oder das gelieferte PDF ist das kleinere Problem.

Es gibt aber kein Original im klassischen Sinne. Aufgrund der einfachen Weiterleitung entstehen so sehr schnell sehr viele Duplikate, die evtl. nicht als solche zu erkennen sind und die Wahrscheinlichkeit einer versehentlichen Doppelbuchung (und damit mehrfachem Vorsteuerabzug) erhöhen. Zwar hat das BMF in seinem Schreiben vom 02.07.2012 „inhaltlich identische Mehrstücke" erlaubt, dennoch ist hier Vorsicht geboten, so dass bei der Buchung immer die Rechnungsnummer des Lieferanten geprüft werden muss.

Außerdem kann eine elektronische Rechnung nicht zurückgegeben werden. Weiterhin ist das Aufbringen von Anmerkungen, z.B. Kontierungen, Ablagekriterium, Buchungsdatum, auf dem elektronischen Beleg schwieriger.

Einige Fragen wiederholen sich immer wieder, so dass wir sie im Folgenden im Stil einer FAQ-Liste beantworten wollen:

- Dürfen eRechnungen als Papier archiviert werden?
- Nein, die eRechnung ist ein „originär elektronisches Dokument", das laut GDPdU immer elektronisch archiviert werden muss, um auswertbar zu bleiben.
- Für unternehmensinterne Zwecke ist Ausdruck kein Problem.
- Ausdrucke können durch Hinzufügen von z.B. handschriftlichen Kontierungsinformationen zu einem eigenständigen handels- und steuerrechtlichen Dokument werden, für das dann ebenfalls die jeweiligen Aufbewahrungsvorschriften gelten.
- Alle Rechnungen müssen elektronisch und unveränderbar aufbewahrt werden. Unveränderbarkeit ist gewährleistet, wenn jederzeit auf den Originalzustand geschlossen werden kann.

- Zur Unveränderbarkeit zählt damit auch, dass Rechnungen während der gesetzlichen Aufbewahrungsfrist nicht gelöscht oder vernichtet werden dürfen.
- Ist die Beschaffung eines Archivsystems für die revisionssichere Archivierung erforderlich?
- Nein, Revisionssicherheit ergibt sich immer durch die Gesamtheit der organisatorischen und technischen Maßnahmen sowie des IKS. Einfache Technik kann durch verstärkte organisatorische Kontrollen kompensiert werden.
- Müssen die eMails zu den Rechnungen archiviert werden?
- Sofern die eMail nur als Transportmedium dient (analog Briefumschlag), ist steuerrechtlich keine Archivierung erforderlich.
- Muss eine vorhandene Signatur geprüft werden?
- Nein, der Empfänger entscheidet, wie er Authentizität & Integrität sicherstellt.
- Müssen bei der Konvertierung sämtliche Zwischenformate archiviert werden?
- Jein, es muss technisch nachvollziehbar sein, wie man aus den Originaldaten auf die Werte in der Buchhaltung kommt. Ob dazu die Zwischenformate notwendig sind, hängt vom eingesetzten technischen Verfahren ab.
- GDPdU verlangt daher Archivierung des Originalformates und des (finalen) Inhouseformates.
- Kann mangelhafte Archivierung den Vorsteuerabzug gefährden?
- Nein, solange die Dokumente reproduzierbar sind, handelt es sich nur um eine Ordnungswidrigkeit.

- Sind größere Mengen generell nicht mehr verfügbar, kann aber die Grundlage für die korrekte Buchhaltung fehlen und es kann zu Schätzungen kommen.

6.3.12 Dunkelbuchung

Nachdem die Rechnung nun formell geprüft und die Daten vorerfasst sind, kann es an die sachlich inhaltliche Prüfung gehen. Im Idealfall liegt eine Bestellung vor und die Daten, inkl. Konditionen, stimmen mit dem Wareneingang und der Rechnung überein. Handelt es sich um geringe Beträge, gehen in diesem Fall viele Unternehmen dazu über, diese Rechnungen „dunkel", also ohne weitere manuelle Prüfung, zu buchen.

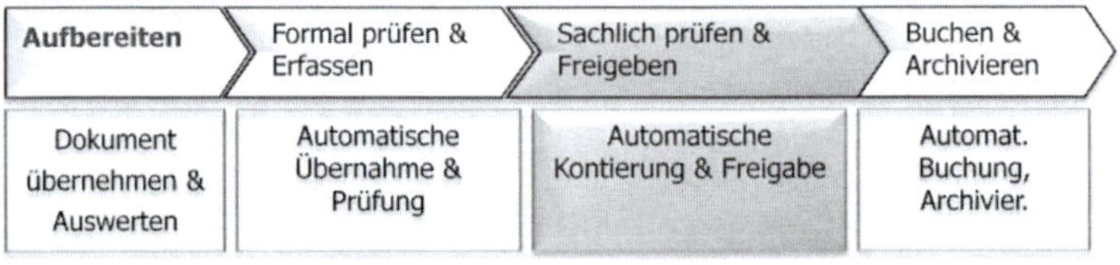

Abbildung 46: Idealfall Dunkelbuchung

Dies kann direkt im Buchhaltungssystem erfolgen. Alle weiteren Aktionen, z.B. Zahlungsfreigabe, erfolgen weitestgehend unverändert. Ein Workflow-System wird in diesem Fall nicht benötigt.

6.3.13 Rechnungsfreigabe Workflow

Zuordnung des Prüfers

Soweit Rechnungen außerhalb der Buchhaltung freigegeben werden müssen, z.B. weil kein Bestellbezug gegeben ist, müssen sie entsprechend weitergeleitet werden. Typischerweise wird dazu eine Workflow-Software eingesetzt, die den weiteren Verlauf steuert. Diese kann sowohl in das ERP, z.B. SAP, integriert als auch eigenständig sein.

Wir gehen nun davon aus, dass eine Prüfung erforderlich ist und die Daten jetzt – unabhängig vom Buchhaltungssystem – auch in der Workflow-Software erfasst sind und der Buchhalter jetzt die weiteren Aktionen veranlasst.

Die Software muss den gesamten (elektronischen) Umlauf der Rechnung steuern und kontrollieren. Dabei ist von vorneherein an die geplante, aber auch ungeplante (Krankheit) Stellvertretung zu denken.

Bei dem Workflow handelt es sich um eine Software, die im Detail an den unternehmensspezifischen Ablauf angepasst werden muss. Dies bedingt nicht unbedingt individuelle Programmierung, weil die heutigen Lösungen hochgradig anpassbar sind. Eine genaue Spezifikation der einzelnen Schritte ist jedoch unabdingbar.

Abbildung 47: Aufgaben im Freigabe-Workflow

Beispielsweise muss der Buchhalter bestimmen, wer eine Rechnung prüfen soll. Dazu muss die Software ihm einen Pool möglicher Adressaten anbieten. Somit stellt sich bereits in diesem Detail die Frage, woher diese Informationen übernommen werden können und wer für die Pflege der Daten bei der immer gegebenen Dynamik sorgt.

Prüfung und Freigabe

Sobald der Prüfer zugeordnet ist, geht die elektronische Rechnung (egal ob ursprünglich als Papier oder PDF eingegangen) auf „die Reise" und landet in dem elektronischen Eingangskorb des Prüfers. Häufig wird dies ein separater Eingangskorb im Workflow-System sein. Auf den Eingang wird dann typischerweise über eine eMail mit einem entsprechenden Link hingewiesen.

Weil der sachliche Prüfer typischerweise kein Buchhalter ist und auch nicht mit dem Buchhaltungssystem umgehen kann und soll, haben sich an dieser Stelle mittlerweile Web-Oberflächen etabliert.

Da die sachliche Prüfung deutlich mehr als eine reine Ja-Nein-Entscheidung ist, kommt der Maske für Prüfung und Freigabe eine erhebliche Bedeutung zu. Alle Fälle, die vorkommen können, müssen abgedeckt werden. Dazu gehört auch, dass Rechnungen bei einem Prüfer landen, für die nicht er, aber sein direkter Kollege zuständig ist. Eine Rücksendung an die Buchhaltung erscheint da nicht sinnvoll.

Weiterhin kann es sein, dass mehr als eine Prüfung erforderlich ist oder aufgrund der Betragshöhe mehrere Freigaben notwendig sind.

Häufig erfolgt die Buchung nicht 1:1, z.B. weil Beträge auf verschiedene Kontierung verteilt werden müssen. In vielen Branchen sind auch immer noch Korrekturen von Rechnungen üblich, um später die Abweichungen zwischen den Werten der Buchhaltung und den Rechnungsinhalten nachvollziehen zu können. Hierfür sind entsprechende Möglichkeiten, aber auch die entsprechenden Protokollierungen vorzusehen.

Die Ablehnung der Rechnung ist somit noch der einfachste Fall.

Automatismen im Workflow

Es lassen sich vielfältige Automatismen definieren, die im Idealfall für einen jeweils optimalen, den Regeln entsprechenden und eindeutig nachvollziehbaren Freigabelauf sorgen. Soweit die Theorie. Allerdings zeigt die Praxis, dass die Definition und Pflege solcher Regeln eine große Herausforderung darstellen kann. Dazu hier ein paar Beispiele:

Zunächst ist zu bestimmen, wer die Rechnung freizugeben hat. Im einfachsten Fall wählt der Buchhalter aus einer vorkonfigurierten Liste den ihm namentlich bekannten zuständigen „Prüfer" und/oder „Freigeber" für die Rechnung. Häufig wird dies der Besteller, es kann aber auch der Einkäufer sein, und meist hängt es auch von der Art der Beschaffung (Lagerware, Büromaterial, Beratungsleistung etc.) und der Höhe des Betrages ab.

Im Allgemeinen ist der Prüfer nicht der Kostenstellenverantwortliche und damit auch nicht der Freigeber, so dass mindestens eine weitere Stufe zu nehmen ist. Bereits aus dieser kurzen Darstellung wird deutlich, dass in größeren Organisationen die Bestimmung des Zuständigen für die sachliche Prüfung nicht trivial ist.

Somit ist gut zu überlegen, ob hier eine Automatisierung machbar und sinnvoll ist. Zwar lassen sich Regeln in Software abbilden und die Software kann auch auf Personaldaten zugreifen, z.B. um festzustellen, wer der verantwortliche Freigeber ist. Jedoch können die Regeln schnell sehr komplex und damit der Aufwand zur Implementierung recht hoch werden. Hinzu kommt der Verlust an Flexibilität für Ausnahmen oder Änderungen.

Letztlich funktioniert die Zuordnung der offenen Rechnung zum sachlichen Prüfer auch in der Papiervariante schon. Meist weiß der Buchhalter aufgrund seiner Kenntnis der Unternehmensorganisation, wer zuständig ist. Also kann man diese Aufgabe auch gut bei dem Buchhalter belassen.

Man muss dann für die Auswahl „nur" den entsprechenden Adressbestand für die Auswahl anbieten. Die Verfügbarkeit eines passenden Adressbestandes kann in großen Organisationen auch wieder eine Herausforderung sein.

Bei der Freigabe der Rechnung stellt sich die Frage, ob das System eine Prüfung des Freigebers gegen eine Unterschriftsregelung vornehmen soll. Meistens sind diese abhängig vom Betrag, so dass bei höheren Beträgen auch mehrere Freigeber erforderlich sind. Also ergibt sich die Fragestellung, wie die Freigabe genau erfolgen soll, weil jeder einzelne Freigeber definitionsgemäß oft für den Betrag nicht berechtigt ist.

Ähnlich wie bei der oben geschilderten Zuordnung des sachlichen Prüfers, ist häufig auch hier der bessere Weg die Entscheidung der Limitüberschreitung bei den Personen statt bei der Software zu belassen. Zumindest bei der Einführung der Lösung sollte die Komplexität solcher Automatismen vermieden oder reduziert werden. In weiteren Ausbaustufen ist dann noch genug Gelegenheit für Optimierungen.

Eskalationsverfahren

Schließlich ist zu berücksichtigen, dass auch die elektronische Prüfung und Freigabe versäumt werden kann. Somit sind Eskalationsverfahren zu definieren. Angefangen von einem „friendly reminder" bis zur Benachrichtigung höherer Hierarchieebenen bietet sich auch hier ein breites Gestaltungsspektrum. Da die elektronische Prüfung und Freigabe für die Betroffenen eine erhebliche Umstellung bedeutet, sollten auch hier nicht gleich alle neuen Möglichkeiten sofort ausgespielt werden. Während der ersten Monate sollte man es somit zunächst bei der freundlichen Erinnerung belassen, die auch mehrfach erfolgen kann.

6.3.14 Checkliste Freigabe-Automatismen

Die folgende Checkliste dient zur Bestimmung der gewünschten Automatismen. Wie erwähnt, ist ein defensiver Umgang mit diesen Möglichkeiten zu empfehlen.

- ❍ (K)eine technische Vorbelegung von Prüfer und Freigeber?
- ❍ (K)eine technische Prüfung der Stellvertretungsbefugnis?
- ❍ (K)eine technische Prüfung der Unterschriftsregelung (Zeichnungshöhe etc.)?
- ❍ Erinnerungs-, kein Eskalationsverfahren?

6.4 Checkliste Organisation Eingangsrechnung

- ❍ Welche Daten sind wie zu prüfen?
- ❍ Welche ERP-Belegarten zu welchen Transaktionen?
- ❍ Aktualisierung fehlerhafter Stammdaten?
- ❍ Umgang mit Sammelkreditoren?
- ❍ Bestimmung der Adressaten für Prüfung und Freigabe?
- ❍ Stellvertreterregelung (was, wie?)
- ❍ Rücksendung fehlerhafter Rechnungen an Kreditor?
- ❍ Welche Rechnungskorrekturen sind wie erlaubt?
- ❍ Wann erfolgt Archivierung bei frühem Scannen?
- ❍ Rechnungseingangsbuch oder Archivrecherche auch für Prüfer, Freigeber?
- ❍ Erinnerungs- und Eskalationsverfahren, wie?
- ❍ Nutzung von Automatismen (siehe eigene Checkliste)?
- ❍ Protokollierung (was, wie?)

6.5 Technisches Konzept Eingang

Liegt ein detailliertes organisatorisches Konzept vor und wurden die IT-Belange (IT-Strategie, bestehende Systeme) bei der Konzeption berücksichtigt, lässt sich das technische Konzept daraus unmittelbar ableiten. Je nach gewählter Variante ergeben sich direkt die zu berücksichtigenden Systeme, die verfügbaren Formate und Schnittstellen sowie die notwendigen Konvertierungen bzw. Anpassungen. Damit lassen sich entsprechende Architekturen schnell gestalten.

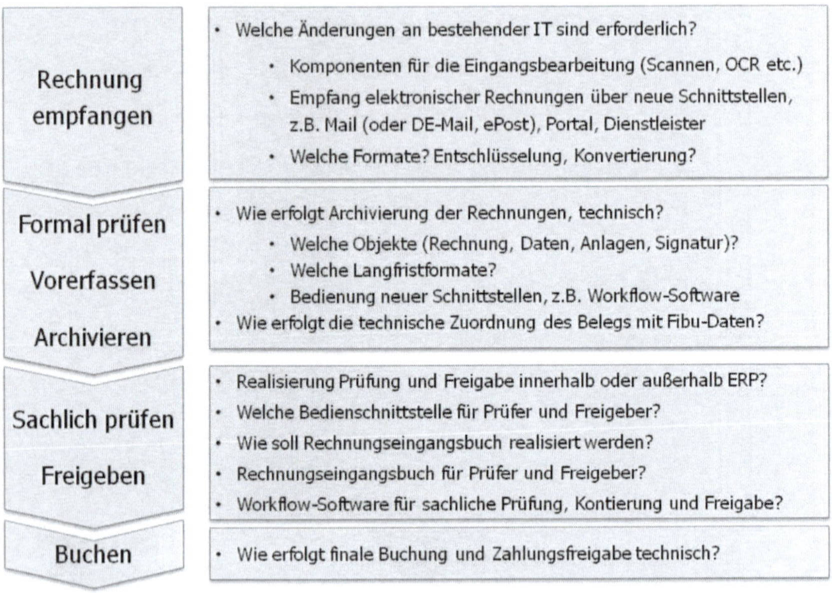

Abbildung 48: Fragen der Technischen Prozessgestaltung

In vielen Unternehmen sind die kaufmännischen Prozesse stark durch ein ERP, z.B. SAP, unterstützt. Somit bildet dieses ERP mit seinen Funktionen, Schnittstellen und Formaten auch die wesentlichen technischen Randbedingungen für die Neugestaltung des Rechnungseinganges.

Die wichtigste Entscheidung hier ist pro oder contra die Einbeziehung externer Dienstleister. Dienstleistungen können für sämtliche Varianten vom Papierscannen über Signaturen bis zu Datenkonvertierungen bezogen werden. Obwohl häufig der Ausgangspunkt, ist dies letztlich nicht nur eine betriebliche und technische Fragestellung. Es gibt erhebliche Wechselwirkungen mit der Organisation.

Für die rechtliche Anerkennung ist es wichtig zu erkennen, wo die organisatorischen Kontrollen durch technische Kontrollen ersetzt oder ergänzt werden können.

Da häufig mehrere Formate und Schnittstellen zur Verfügung stehen und hier von den Anbietern auch häufig eine Problemlosigkeit behauptet wird, die so nicht existiert, werden wir uns damit später etwas näher beschäftigen.

6.5.1 Architektur

Um möglichst große Flexibilität für zukünftige Entwicklungen zu haben, empfiehlt sich eine generische Architektur, die alle sinnvollen Varianten des Rechnungseinganges und auch die Einbeziehung von Dienstleistern vorsieht und entsprechend flexibel anpassbar ist. Eine generische Architektur sollte somit Eingangskanäle für Papier, eMail und eine direkte Anbindung an Lieferanten, Dienstleister oder Portale vorsehen.

Weiterhin ist davon auszugehen, dass immer Dokument UND Daten geliefert werden. Sämtliche eventuell notwendigen Syntax-Fehlerbehandlungen und Konvertierungen sollten im Rahmen der Eingangsbehandlung gemacht werden.

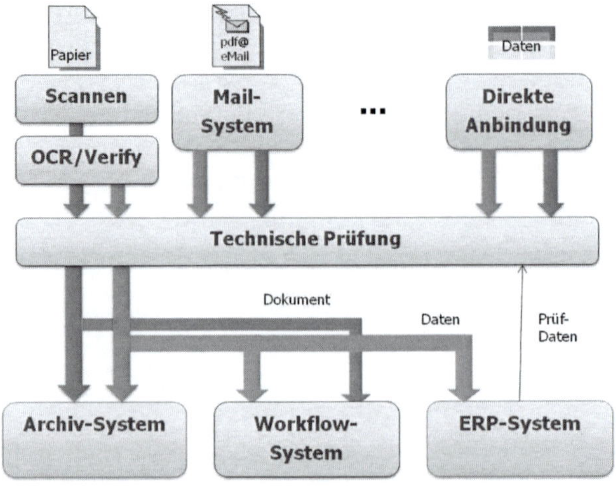

Abbildung 49: Architektur Rechnungseingang

Die Ausgabeformate – idealerweise auch die Eingabeformate – für die technische Prüfung von Dokument und Daten sollten über alle Kanäle einheitlich sein.

Je nach Gestaltung des Prozesses und evtl. Automatismen ist ein intensiver Datenaustausch mit dem ERP erforderlich. Häufig (zumindest bei SAP) ist das ERP auch schon für große Nutzerkreise (auch außerhalb der kaufmännischen Bereiche) ein Arbeitsmittel des Tagesgeschäfts. In diesen Fällen entsteht häufig der Wunsch, dass auch der Workflow mit SAP-Mitteln realisiert werden soll. Im Gegensatz zu den meisten ERP bietet SAP dazu auch leistungsfähige Funktionen an. In diesen Fällen sind auch SAP-Lizenzen meist ausreichend vorhanden und die SAP-Bedienoberfläche ist für Prüfer und Freigeber kein Hindernis.

Treffen die o.g. Bedingungen zu, kann der Workflow auf der Grundlage des SAP-Basismoduls realisiert werden. Zur Vereinfachung der Bedienung ist mittlerweile auch eine Web-Oberfläche realisierbar. Entsprechende Produkte gibt es sowohl über SAP als auch bei Drittanbietern.

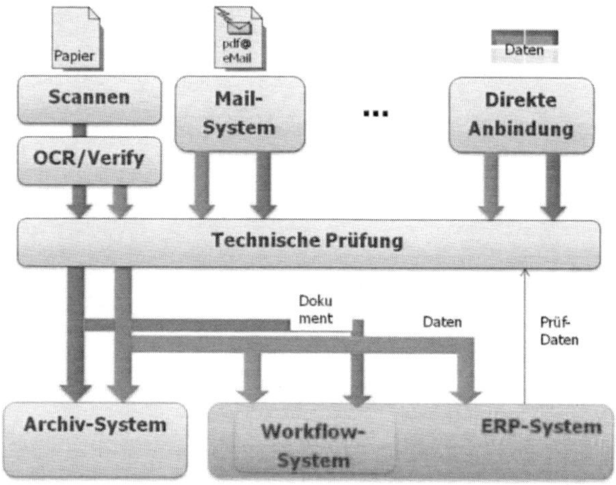

Abbildung 50: In ERP integrierter Workflow

Treffen die genannten Bedingungen nicht zu oder verfügt der Konzern über mehrere unterschiedliche SAP-Systeme, ist eher ein SAP-unabhängiger Workflow zu empfehlen. Dies schließt den Online-Datenaustausch mit SAP nicht aus. Dieser wird durch alle Anbieter geboten. Die Architektur (innerhalb oder außerhalb SAP) ist jedoch eine technische Grundsatzentscheidung, die auch die potenziellen Produkte eingrenzt.

6.5.2 Technische Prüfungen

Alle eingehenden Rechnungen sollten – unabhängig von ihrem Eingangskanal – eine technische Prüfung durchlaufen, die – soweit möglich – bereits formelle Anforderungen prüft, also Teil der formalen Rechnungsprüfung ist. Die Prüfung basiert typischerweise auf Daten des ERP, z.B. Lieferantenstamm, Bestellungen oder Wareneingang, die entsprechend an das System gegeben werden müssen. Technische Kontrollen sind gegenüber organisatorischen zu bevorzugen, weil sie weniger fehleranfällig sind.

Abhängig von den extrahierten Daten lassen sich Teile des von den Steuerprüfern geforderten „Internen Kontrollsystems, IKS" automatisieren. Diese Kontrollen sind sehr wichtig, um das Vertrauen in die technischen Systeme zu erlangen, weil die Transparenz des bisherigen (Papier-)Belegflusses fehlt. Technische Prüfungen bieten sich an für:

- Formale und sachliche Prüfungen bei der Eingangsverarbeitung
- Automatischen Abgleich zur Sicherung der Vollständigkeit bei Transfer
    - Vom Mail-Server
    - Zum Archiv-Server
    - Zum ERP
- Automatische Verknüpfung der Dokumente zu den Buchungsdaten im ERP zur Sicherstellung der Nachvollziehbarkeit, Ordnungsmäßigkeit und Prüfbarkeit

Signierte Rechnungen sollten – wenn gewünscht - unmittelbar nach dem Eingang und möglichst automatisch geprüft werden. Angefangen von der Prüfung durch Upload auf ein Web-Portal über Client-Tools bis zu Rechenzentrums-Servern sind je nach Volumen verschiedene Verfahren zu favorisieren.

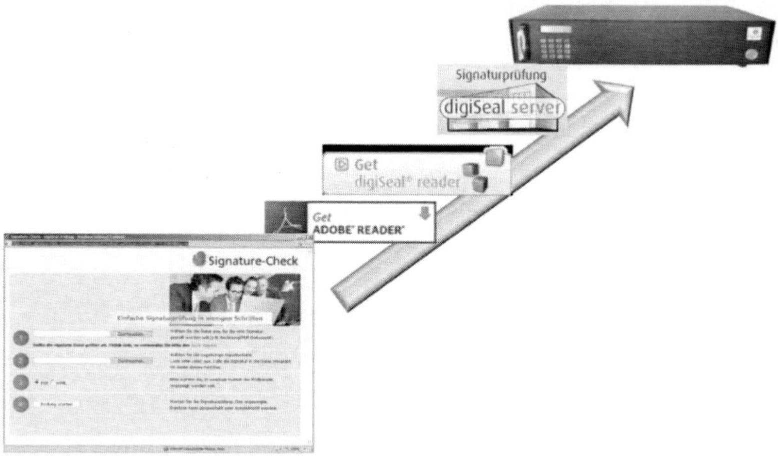

Abbildung 51: Möglichkeiten der Signaturprüfung
(Produkte beispielhaft)

Auch Dienstleister können solche Prüfungen machen, dann müssen aber die Beschaffungsdaten – in zu vereinbarenden Formaten - entsprechend nach außen gegeben werden.

Werden Dienstleister einbezogen, so sind anhand der vorher bestimmten Aufgabenverteilung nun die technischen Verfahren, Formate und Schnittstellen festzulegen. Wichtig ist dabei auch ein Verfahren für die Kommunikation generell und speziell das Fehlerhandling festzulegen.

6.5.3 Archivierung

Es ist darauf zu achten, wie die Unveränderbarkeit gewährleistet wird. Viele Anbieter nutzen heute magnetplattenbasierte Speichertechnologien, statt der früher üblichen optischen Speicher. Da Magnetplatten generell beliebige Änderungen erlauben, müssen durch spezielle Technologien technische Vorkehrungen zur Gewährleistung der Revisionssicherheit gegeben sein, weil sonst umfangreichere organisatorische Maßnahmen erforderlich werden. Dies ist zu prüfen.

6.5.4 Normen und Standards

Kommunikation funktioniert nur, wenn beide Seiten die gleiche Sprache sprechen. Bei technischen Systemen kommt es auf exakte Übereinstimmung zwischen beiden Seiten an. Im Bereich EDI ist dies seit langem bekannt und immer wesentlicher Diskussionspunkt zwischen den Partnern. Nicht zuletzt deshalb sind diese Projekte für KMU meist nicht geeignet.

Hier werden Standards benötigt für:

- Formate von Dokumenten und Signaturen (meist PDF)
- Formate für Daten (Syntax & Semantik)
- Kommunikation mit Partnern

Zwar gibt es für all diese Aspekte diverse Normierungen, leider aber kaum einheitliche Standards. Relativ gut etabliert und unterstützt sind Kommunikationsstandards, z.B. für eMails, so dass die reine Kommunikation meist relativ problemlos herzustellen ist.

PDF als Format für elektronische Rechnungsbelege

Etwas schwieriger ist das Finden des Dokumentformates für elektronische Rechnungen. Hier hat sich aber in weiten Teilen das PDF-Format durchgesetzt. Allerdings gibt es auch bei PDF verschiedene Versionen, so dass auch hier eine Abstimmung erforderlich ist. Abstimmung sollte auch erfolgen, wenn der Rechnungssteller auf eine neue Version gehen will, die der Rechnungsempfänger (oder der Dienstleister) noch nicht unterstützt.

Im Normalfall soll das Dokument auch als PDF archiviert werden. Für die Archivierung gibt es jedoch mit PDF/A ein eigenes Format, welches langfristige Kompatibilität garantiert. Dies ist zwar nicht zwingend, eine Einigung auf PDF/A kann aber potenzielle Probleme in der Zukunft vermeiden und ist daher zu empfehlen.

Weiterhin gibt es unterschiedliche Möglichkeiten, PDF zu nutzen, weil – neben dem Hauptdokument – auch Anlagen enthalten sein können. In einigen Fällen kommt es vor, dass das Hauptdokument nur ein Deckblatt enthält und das eigentliche Rechnungsdokument als Anlage versendet wird. Dies hat vor allem Vorteile, wenn auch signiert wird, weil die Signatur dann nur die eine Anlage umfassen muss und in den anderen Anlagen weitere Dokumente enthalten sein können.

In einer solchen Anlage können auch die Rechnungsdaten geliefert werden. Damit muss nur ein Dokument, besser „Container" ausgetauscht werden, der im Extremfall die Rechnung, die Daten, die Signatur, ein Signaturprüfprotokoll und weitere Rechnungsanlagen enthalten kann.

Sofern auf der Empfangsseite Menschen sitzen, ist dies kein Problem. Speziell bei den Daten ist aber die Extraktion Sinn und Zweck des Verfahrens. Außerdem handelt es sich um ein Massenverfahren, bei dem manuelle Interaktionen zur Extraktion nicht praktikabel sind. Somit muss beim Empfänger (evtl. auch Dienstleister) eine Möglichkeit bestehen, mit diesen Containern umzugehen.

PDF/A-3 (ISO 19005)

In Deutschland gibt es keine gesetzliche Vorgabe für das Dokumentformat, in dem die Rechnungen ausgetauscht werden. Diese technische Freiheit hat jedoch zwei entscheidende Nachteile:

- Wenn Sender und Empfänger nicht das gleiche Format nutzen, sind Konvertierungen notwendig, die fehleranfällig sind und auch unter Compliance-Gesichtspunkten erhöhten Aufwand verursachen.
- Nicht alle Formate sind für die gesetzlich geforderte Archivierung von mindestens 10 Jahren geeignet, so dass auch dafür eine Konvertierung mit zusätzlichen Nachweispflichten notwendig wird.

Besser wäre es somit, wenn beide Seiten mit demselben Dokumentformat arbeiten könnten und dies gleichzeitig für die Archivierung geeignet wäre. Zusätzliche Anforderungen an das Dokumentformat sind:

- Leicht zu erzeugen, leicht zu nutzen
- Unabhängigkeit von beteiligten IT-Systemen
- Dokument und Anlagen möglichst in einer Datei
- Standardisierung für XML-Daten als Anlage
- Standardisierung für Signatur-Speicherung/-Verifikation

Da kommt uns die aktuelle Entwicklung mit PDF/A-3 (ISO 19005-3) sehr gelegen. PDF/A-3 ist die neuste Entwicklung der ISO-Standardisierung für ein herstellerunabhängiges Langfrist-Archivformat auf Basis von PDF. Ziel war dabei nicht die Schaffung eines gänzlich neuen Formates, sondern das bestehende PDF soweit zu begrenzen, dass langfristige Stabilität gewährleistet werden kann. PDF/A-1 nutzt somit nur eine Untermenge der Eigenschaften des ursprünglichen PDF (damals Version 1.4).

PDF/A ist als Untermenge der gängigen PDF-Formate von der ISO 19005 speziell für die Archivierung standardisiert. Als „normales" PDF ist ein PDF/A-Dokument mit den handelsüblichen Programmen anzeigbar und druckbar. Weil PDF schon immer ein Container-Format war, kann man Dokument und Daten in EINER Datei vorhalten. Daten können – PDF/A-3 mit einem standardisierten Verfahren - extrahiert und automatisch verarbeitet werden.

Weitere Vorteile von PDF/A (ISO 19005) gegenüber JPEG oder TIFF:

- Erzeugt durchsuchbare Dokumente (Ausnahme: Scannen ohne OCR).
- Mehrseitige Dokumente problemlos machbar und handhabbar.
- Metadaten (XMP-Format) werden mit dem Dokument gespeichert (zusätzliche Sicherheit), Tagging möglich.
- Als Container können unterschiedliche Dokumente und Formate in einer Datei gespeichert werden, z.B. Vertrag

inkl. Anschreiben oder Rechnung, inkl. XML-Daten oder zusätzliche Speicherung des Originalformates.

- ISO garantiert Langfristkompatibilität. Offenes Format (nicht unter Kontrolle von Adobe, sondern von ISO).
- Breite Akzeptanz im professionellen Einsatz bei Anwendern innerhalb kurzer Zeit erreicht.
- Breite Unterstützung durch Konverter, diverse Tools zur Prüfung verfügbar. Nutzung beliebiger PDF-Viewer.
- Kommentare sind möglich (aber nicht alle Formen, z.B. kein Marker, kein Hyperlink).
- Überformate bis 5x5 Meter möglich.
- Digitale Signaturen lassen sich einbetten.
- Es lassen sich barrierefreie Dokumente erzeugen.

PDF/A hat als Archivformat bereits andere Formate verdrängt. Wie gezeigt, bietet es auch viele Vorteile speziell für den elektronischen Rechnungsaustausch. Wir gehen daher davon aus, dass es sich in diesem Anwendungsfall auch sehr schnell etablieren wird.

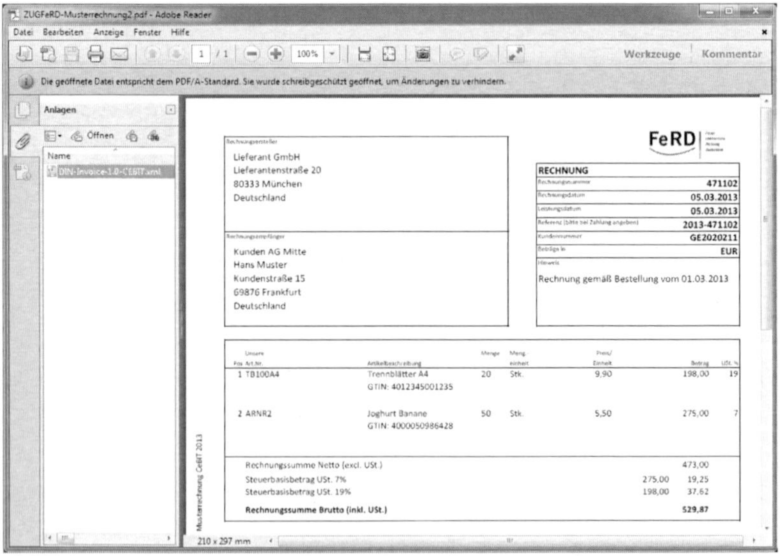

Abbildung 52: PDF-Container mit Rechnung und Daten

Formate für Rechnungsdaten

Das eigentliche Problem beim Austausch von Rechnungsdaten ist die Semantik der Rechnungsdaten. Es muss auf beiden Seiten ein gemeinsames Vokabular und gemeinsames Verständnis über dessen Bedeutung vorhanden sein. Es muss beispielsweise klar sein, was die Rechnungsnr. ist, unabhängig davon, ob auf der Rechnung selbst „Fakturanr." oder nur „Nummer" steht. Das gilt erst recht für den Lieferzeitpunkt, der sich klar vom Rechnungsdatum unterscheiden muss usw. usw. Dieses Thema beschränkt sich natürlich nicht nur auf die Kopf- und Fußdaten, sondern gilt auch für die einzelnen Positionen. Es reicht eben nicht ein Feld „MwSt.", wenn es dies sowohl als Gesamtsumme als auch auf Positionsebene gibt. Ähnlich verhält es sich mit Netto, Brutto, etc.

Solange wir nur über Pflichtfelder nach §14 UStG reden, würde sich dies noch schnell erledigen lassen. In der Praxis haben Rechnungen aber sehr häufig branchenspezifische Angaben, wie z.B. der Schrottwert bei Autoteilen oder das Haltbarkeitsdatum bei Lebensmitteln, die branchenintern auch wichtig sind, aber branchenübergreifend nicht verstanden werden. Hinzu kommen unterschiedlichste Varianten des Bezugs zu Bestellungen oder anderen zugehörigen Vorgängen, z.B. Rahmenverträge.

Anbieter reden an dieser Stelle meist davon, dass sie XML unterstützen und wollen uns damit glauben machen, damit sei schon alles definiert. Dem ist aber nicht so!

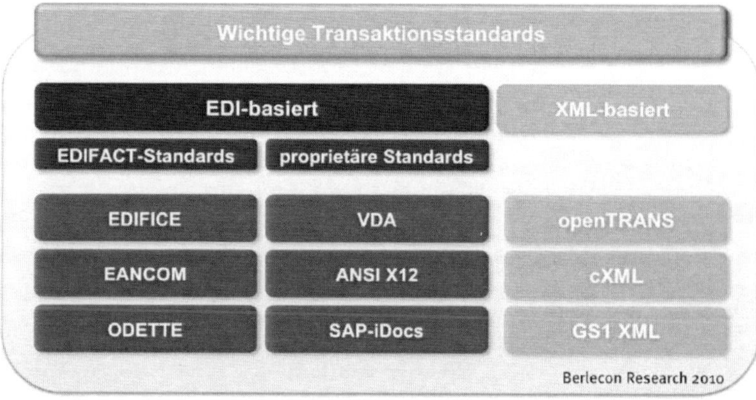

Abbildung 53: Einige Standards für Rechnungsdaten
(Quelle: Berlecon Research)

XML legt nur die Syntax fest. Also, wie beispielsweise Feldnamen, Feldinhalte und Feldtrennungen bzgl. der Syntax dargestellt werden. Eine Definition des Vokabulars ist das noch lange nicht.

Dies ist lediglich bei den EDIFACT-Standards gegeben, die sich bereits seit den 70er Jahren in einzelnen Branchen entwickelt haben. Jedoch gibt es auch dort nicht den **einen** Standard für alle, sondern viele Standards mit weiteren branchenspezifischen Ausprägungen. Dies ist ein Grund, warum EDI-Projekte aufwendig sind. XML ist somit schon der richtige Ansatz, weil es von moderner Software umfangreich unterstützt wird. XML-Unterstützung ist aber alleine nicht ausreichend.

Natürlich wurde das Problem bereits vor längerer Zeit erkannt und durch verschiedenste Gremien und Institute angepackt. Dabei haben sich durchaus sinnvolle XML-basierte Normierungen ergeben. Leider hat sich aber bisher nichts davon international und branchenübergreifend etablieren können (die Grafik zeigt nur einen sehr kleinen Ausschnitt, und was „wichtig" ist, wird in Insider-Kreisen immer wieder kontrovers diskutiert). Leider hat sich kein Ansatz als „Standard" im tieferen Wortsinn etabliert.

6.5.5 EU-Vorgaben und Initiativen

Die EU forciert das Thema elektronischer Rechnungsaustausch seit Jahren stark und hat durch das CEN (Comité Européen de Normalisation) auch einen eigenen XML-Standard entwickelt, den sie folgerichtig auch zur branchenübergreifenden Nutzung empfiehlt. Das Ergebnis heißt „Cross Industry Invoice" und weil es versucht seinem Namen gerecht zu werden, ist es sehr komplex, was nun zu diversen Vorschlägen für eine vereinfachte Form führt.

Aufgrund dieser Problematik entwickelte das CEN das semantische Modell für einen „Core Invoice", der nur die wichtigsten Felder enthält. Gleichzeitig wurden mit dem Standard „Core Components Technical Specification", CCTS 3.0 eine deutliche Kürzung der langen Tagnamen vorgeschlagen. Ob dies nun breite Akzeptanz findet, bleibt abzuwarten.

6.5.6 Forum elektronische Rechnung Deutschland, FeRD

Gleichzeitig hat die EU aufgerufen, dass die Nationen Foren bilden und eigene Vorschläge machen. Deutschland war sehr schnell und hat einen illustren Kreis von mehreren Bundesministerien und Verbänden im „Forum elektronische Rechnung Deutschland, FeRD" unter Koordination der AWV (Arbeitsgemeinschaft für wirtschaftliche Verwaltung) versammelt.

Ziel ist die aktive Förderung der Akzeptanz der elektronischen Rechnung als Dokument und als Datenstruktur. Das heißt, es sollen nicht nur Maßnahmen in Bezug auf das elektronische Dokument, sondern auch in Bezug auf die Rechnungsdaten getroffen werden. Angestrebt wird dabei die nationale Konsensbildung des elektronischen Rechnungsaustausches, insbesondere B2B und B2G unter Einbeziehung und Umsetzung gesetzlicher Vorgaben und der Unterstützung europäischer und internationaler Initiativen. Angefangen beim Marketing über Empfehlungen für die Prozessgestaltung bis zu technischen Standards hat man sich eine Vielzahl von Maßnahmen zur Erreichung dieses Zieles vorgenommen.

6.5.7 ZUGFeRD

Als erstes konkretes Ergebnis hat das FeRD eine eigene Profilierung des Core CII Standards unter dem Namen „Zentrale User Guidelines für elektronische Rechnungen in Deutschland, ZUGFeRD" herausgebracht. ZUGFeRD definiert im Wesentlichen zwei Dinge:

- PDF/A-3 als Dokumentformat
- Core Invoice Data Model MUG (CWA 16356-1, -2, -3) als semantisches Datenmodell

Die Datenfelder umfassen verschiedene Untermengen der CII-Definition. Es erfolgt eine Differenzierung in Profile Basic, Comfort und Extended. Während das Basic-Profil nur die minimalen Felder einer Rechnung benötigt, sind bei dem Comfort-Profil die meisten üblichen Rechnungsfelder unterstützt. Bei dem Comfort-Profil sind vor allem die Daten des Bestellers besser abbildbar, so dass der Abgleich mit den Bestelldaten bei der Rechnungsprüfung besser automatisierbar ist. Das Extended Profil hingegen ist geeignet, um auch komplexe Rechnungen mit vielfältigen Zusatzinformationen auch auf Positionsebene darzustellen.

Fachbegriff	B	C	E
Testkennzeichen	X	X	X
Rechnungsdatum, Wert	X	X	X
Indikator Original/Kopie, Wert			X
Vertragliches Fälligkeitsdatum der Rechnung, Wert			X
Tatsächlicher Lieferungszeitpunkt, Wert	X	X	X
Beginn der Rechnungsperiode, Wert		X	X
Ende der Rechnungsperiode, Wert		X	X
Schalter für Zu-/Abschlag, Wert		X	X
Fälligkeitsdatum, Wert		X	X
Bezugsdatum der Fälligkeit, Wert			X

Abbildung 54: Vergleich der Profile
(Auszug aus „Release Candidate Extended"))

Der Ansatz besticht, weil er sich auf das Wesentliche konzentriert, Freiheiten lässt und jegliche Branchenbesonderheiten individuellen Vereinbarungen überlässt. Einige Aufgaben, für die typischerweise Rechnungen auch „missbraucht" werden, sind ausgeschlossen. So sollen die Rechnung bzw. die Rechnungsdaten explizit nicht dienen als:

- Lieferschein,
- Lagerungsbeleg,
- Zollbeleg,
- Marketinginstrument,
- Bericht.

Genau darin könnte der wesentliche Erfolgsfaktor liegen, weil in der Vergangenheit Diskussionen immer bei den Branchenbesonderheiten entstanden und somit nie eine breite Unterstützung für einen Standard erzielt werden konnte. Die Pflichtfelder gemäß §14 UStG stehen ohnehin nie zur Debatte.

DataID	Cd	Element name	Rule	Rationale and use	Ref	Note
INV026	1..1	Buyer name		A Core Invoice must contain name of the buyer.	Rq024	
INV027	1..1	Buyer address line1		A Core Invoice must contain the buyer's street name and number or P.O. box.	Rq016 Rq024	
INV088	0..1	Buyer address line2		A Core Invoice may give an additional address line for buyer's address.	Rq016 Rq024	
INV028	1..1	Buyer address city		A Core Invoice must contain the buyer's city.	Rq016 Rq024	
INV029	0..1	Buyer address post code		A Core Invoice may contain the buyer's post code.	Rq016 Rq024	
INV030	0..1	Buyer address country sub division		In some countries regions or other type of country sub divisions are commonly used. A Core Invoice may contain that information.	Rq016 Rq024	
INV031	1..1	Buyer address country code		The buyer's address country must be given in a Core Invoice in the form of a two letter code (ISO 3166-1 alpha-2).	Rq016 Rq024	
INV032	0..1	Buyer VAT identifier	4, 5	A Core Invoice for reverse charge and intra community supply invoicing must contain the buyers VAT identifier.	Rq019 Rq020 Rq024	

Abbildung 55: Semantische Festlegung der Rechnungselemente (Auszug)

Die Anforderungen an die Inhalte und die zu beachtenden Geschäftsregeln sind detailliert spezifiziert. Die Umsetzung kann in XML, aber auch einer anderen Syntax erfolgen.

Da es „lediglich" eine Konkretisierung eines bestehenden – allerdings auch noch neuen – Standards ist, der zudem internationale Unterstützung genießt, scheinen die Behörden, die Software-Industrie und die Dienstleister in Deutschland diese Norm breit unterstützen zu wollen. Auf der Cebit 2013 wurde das Format erstmalig öffentlich vorgestellt. Mehrere Anbieter hatten kleinere Demos mit einer Musterrechnung.

Seit dieser Zeit hat ZUGFeRD sehr viel Aufmerksamkeit bekommen und viele Software-Hersteller haben die Unterstützung zugesagt (s.a. B&L Marktübersicht) oder sogar Schnittstellen und Module implementiert.

Rule 2

To facilitate the processing of Core Invoices into ERP systems the calculation of each an
relations is defined. The following calculation model applies to document level totals.

	Variable in calculation	Sample amounts
+	Sum of line amounts (INV054)	321.82
-	Sum of Document level allowance amounts (INV057)	9.20
+	Sum of Document level charge amounts (INV058)	7.60
=	Invoice total without VAT (INV055)	320.22
+	VAT total amount (INV049)	40.25
+	Rounding of invoice total (INV060)	-0.47
=	Invoice total with VAT (value of purchase) (INV056)	**360.00**
-	Paid amounts (INV059)	120.00
=	Amount due for payment (INV061)	**240.00**

Abbildung 56: Definition der Geschäftsregeln in ZUGFeRD

Datei Bearbeiten Ansicht Favoriten Extras ?


```
    <TestIndicator>false</TestIndicator>
  - <GuidelineSpecifiedDocumentContextParameter>
      <ID>urn:ferd:invoice:rc:comfort</ID>
    </GuidelineSpecifiedDocumentContextParameter>
  </rsm:SpecifiedExchangedDocumentContext>
- <rsm:HeaderExchangedDocument>
    <ID>471102</ID>
    <Name>RECHNUNG</Name>
    <TypeCode>380</TypeCode>
    <IssueDateTime format="102">20130605</IssueDateTime>
  - <IncludedNote>
      <Content> Rechnung gemäß Bestellung Nr. 2013-471331 vom
        01.03.2013. </Content>
    </IncludedNote>
  - <IncludedNote>
      <Content> Es bestehen Rabatt- und Bonusvereinbarungen. </Content>
      <SubjectCode>AAK</SubjectCode>
    </IncludedNote>
  </rsm:HeaderExchangedDocument>
- <rsm:SpecifiedSupplyChainTradeTransaction>
  - <ApplicableSupplyChainTradeAgreement>
      <BuyerReference>AB-312</BuyerReference>
    - <SellerTradeParty>
        <GlobalID schemeID="0088">4000001123452</GlobalID>
        <Name>Lieferant GmbH</Name>
      - <PostalTradeAddress>
          <PostcodeCode>80333</PostcodeCode>
          <LineOne>Lieferantenstraße 20</LineOne>
```


Abbildung 57: XML zur o.g. Rechnung (Beispiel ZUGFeRD)

Im Juli 2014 finden sich auf der Web-Seite des FeRD über 60 Anbieter, die die ZUGFeRD-Unterstützung zusagen. Dazu gehören u.a. Anbieter von ERP- und ECM-Systemen, wie auch Systemintegratoren, EDI-Dienstleister und Lieferanten von „Enabling-Software".

Die Freigabe der Version 1.0 von ZUGFeRD war am 25. Juni 2014. Viele Implementierungen erfolgten bereits auf den Vorab-Versionen.

Die Praxistauglichkeit ist noch unter Beweis zu stellen. Wenn dies gelingt, kann ZUGFeRD seinem Namen gerecht und von der Norm zum „Standard" werden.

6.5.8 Initiativen in Österreich und Schweiz

In der Schweiz und teilweise auch in Österreich konzentriert man sich auf die elektronische Rechnung in Form von strukturierten Daten. Der Vorschlag einer EU-Richtlinie für die Öffentliche Verwaltung geht in die gleiche Richtung[3]. D.h. man behandelt das Dokument lediglich als Visualisierung, während die formale Rechnung durch den strukturierten Datensatz gebildet wird. Damit rückt man das „Datenformat-Problem" noch mehr in den Vordergrund. Entsprechend gibt es nationale Normen, die zum Durchbruch führen sollen. In Österreich gibt es dazu (wie auch in verschiedenen weiteren Ländern) die Vorgabe, dass die öffentliche Verwaltung ausschließlich elektronische Rechnungen akzeptiert. Seit dem 01.01.2014 existiert für Rechnungen an den Bund in Österreich ein „Unternehmens-Service-Portal" auf das Rechnungen in verschiedenen Format elektronisch geladen werden können.

In der Schweiz ist das in den letzten Jahren auch gelungen, ob sich der Ansatz auf größere Länder übertragen lässt, ist nicht sicher. In Deutschland dürfte dies sehr stark von den Vorgaben der zuständigen Behörden abhängen. Wenn man dort den Mut

[3] Siehe http://ec.europa.eu/internal_market/payments/einvoicing

findet, wie bei GDPdU, ein Format zu empfehlen, hätten Anbieter und Anwender eine verlässliche Basis. Bisherige, inoffizielle Aussagen von Vertretern des BMF weisen aber eher darauf hin, dass es in Deutschland keine entsprechenden Vorgaben geben wird.

Aus Sicht des Autors ist diese Unsicherheit bzgl. der zukünftigen Standards ein weiterer wesentlicher Grund, über die Einbindung von Dienstleistern nachzudenken, weil diese Unternehmen auf die Thematik spezialisiert sind und umfangreiche Konvertierungen anbieten, welche das Kernelement ihres Geschäftsmodells darstellen.

6.6 Checkliste Technische Fragen

- ❍ Welche Prüfungen können technisch, in welchen Systemen erfolgen?
- ❍ Welche Formate für Dokument und Daten?
- ❍ Nutzung Signatur?
- ❍ Nutzung DE-Mail oder ePost-Brief?
- ❍ Einbindung Rechnungsprüfer ohne ERP-Account, z.B. Web-Oberfläche?
- ❍ Realisierung Rechnungseingangsbuch für Prüfer und Freigeber?
- ❍ Schnittstellen und Aufgabenteilung zwischen den diversen beteiligten Systemen, inkl. Workflow-System?
- ❍ Realisierung des Freigabe-Workflows im ERP oder außerhalb? Welche Systeme?
- ❍ Realisierung revisionssicherer Archivierung?

7 Realisierung

7.1 Aufgaben in der Realisierungsphase

Die Realisierungsphase eines Projektes zur Optimierung der Rechnungsprozesse unterscheidet sich nicht von anderen IT-Projekten. Auch hier muss vor allem ein realistischer Aktivitäten-, Zeit- und Investitionsplan erstellt und mit allen Beteiligten abgestimmt werden. Dabei sind auch konkrete Planungen erforderlich für Produkt- und Anbieterauswahl, Implementierung, Test und Roll-Out.

Da erst nach der Konzeption alle Kosten konkret abschätzbar sind, ist hier auch noch einmal die ROI-Kalkulation zu verifizieren, bevor man mit dem Realisierungsprojekt richtig startet (Kick-Off). Häufig ist dies auch erforderlich, um die Gelder des Budgets auch wirklich freigegeben zu bekommen.

Allerdings ist auch diese Kalkulation noch mit Unsicherheiten behaftet, weil Produkte und ggf. Dienstleister noch nicht ausgewählt sind und nur mit „üblichen Marktpreisen" kalkuliert werden kann. Somit wollen wir im Folgenden den Markt für Rechnungslösungen etwas näher betrachten.

7.2 Produkte und Dienstleister

7.2.1 Marktangebot generell

Aufgrund der vielfältigen Varianten ergibt sich auch ein heterogenes Angebot an Produkten bzw. Dienstleistungen.

Grob unterscheiden lassen sich für Rechnungssteller:

- Lösungen für „Order to Cash"
  (wenig Komplettlösungen, hoher Integrationsbedarf)
- Faktura- und Output-Management-Lösungen für Rechnungssteller (durch ERP-Anbieter oder Dritte)
- Spezielle Ergänzungen für SAP (z.B. für Signaturen)

Für Rechnungsempfänger bietet der Markt:

- Lösungen für „Purchase to Pay"
  (wenig Komplettlösungen, hoher Integrationsbedarf)
- Lösungen für Scannen, Erkennen und Archivieren
- Workflow-Lösungen für Rechnungsfreigabe
- Spezielle Ergänzungen für SAP (z.B. für Workflows)
- Dienstleistungen für alle genannten Funktionsbereiche

Für Rechnungssteller gilt: Programmtechnisch ist die Erstellung einer strukturierten Rechnung trivial. Die Umwandlung in eines der komplexeren XML-Formate allerdings nicht. Dennoch ist jeder Software-Hersteller dazu in der Lage. Soweit standardisierte Formate verwendet werden, sollte es im Eigeninteresse des Software-Herstellers sein, diese auch zu unterstützen.

Generell gilt:

- XML-Formate setzen sich durch.
- Dienstleister unterstützen die gängigen Formate und können zwischen diesen konvertieren.
- Software-Anbieter haben Eigeninteresse an der Unterstützung von Standardformaten.
- Notfalls sind Eigenentwicklungen machbar, aber kostenintensiv.

Bezüglich der Anpassungen an fremde Formate unterliegen die IT-Abteilungen gerne dem Fehlurteil, dass diese Anpassungen kein Problem seien, weil es nur darum geht, Felder zweier Datenformate einander zuzuordnen (zu „mappen"). Die Praxis zeigt jedoch immer wieder, dass hier der Teufel im Detail steckt und diese Aufgaben bei komplexeren Rechnungen nicht innerhalb weniger Stunden realisiert und zuverlässig getestet sind. Von einer eventuell notwendigen Zertifizierung ganz zu schweigen.

Vor allem ist aber zu bedenken, dass aufgrund der mehrfach beklagten mangelhaften Standardisierung die entsprechenden Abstimmungen prinzipiell mit jedem Geschäftspartner zu führen sind. Selbst wenn eine Anpassung in zwei Stunden erledigt wäre, wären dies 200 Stunden für jeweils 100 Kunden oder Lieferanten. Die Stammdaten weisen heute aber oft mehrere 1000 Debitoren oder Kreditoren aus. Somit ist die Einzelabstimmung nicht mehr wirtschaftlich vertretbar.

7.2.2 Rechnungserstellung mit SAP

Als ERP mit der größten Verbreitung im deutschen Markt ist für viele Anwender zunächst von Interesse, welches Angebot für SAP existiert. SAP bietet selbst Funktionen bzw. ein Produktportfolio für Rechnungserstellung und Rechnungsempfang.

Rechnungserstellung als PDF mit eMail-Versand ist schon länger im Standard. Die „Veredelung" über verschiedene Output-Management Produkte auch von Dritten ist umfangreich verfügbar. NetWeaver PI (Process Integration) erlaubt außerdem Datenaustausch und –konvertierung.

Durch Zusammenarbeit mit Dienstleistern bzw. durch eigene Produkte (Biller Consolidator) und seit 2008 über die Infrastruktur sowie Leistungen des Consolidators Crossgate ergibt sich ein breites Angebot.

7.2.3 Rechnungserstellung mit anderen ERP oder Office-Systemen

Auch für andere ERP gibt es Zusatzmodule, um beispielsweise Rechnungsdaten zu erzeugen und/oder Rechnungsdokumente zu signieren. Auch die typischen ERP von KMU, wie z.B. von Sage, Lexware oder Microsoft Dynamics NAV können damit für einen elektronischen Datenaustausch ausgestattet werden, so dass technisch auch diese Firmen in der Lage sind, Rechnungsdaten zu liefern.

Selbst für die Rechnungsstellung auf Basis von Office-Produkten gibt es virtuelle Druckertreiber, die neben einem (PDF-)Dokument auch einen XML-Datensatz erzeugen können.

Zumindest in Deutschland hat sich dabei mit OpenTRANS ein XML-Standard eine breite Unterstützung bei Software-Herstellern und Dienstleistern erarbeitet. Bei der Definition von OpenTRANS waren – neben der Fraunhofer Gesellschaft – auch einige große Industrie- und Dienstleistungsunternehmen beteiligt. OpenTRANS ist immer geeignet, wenn nicht sehr spezifische Attribute übertragen werden müssen und ist von seiner Komplexität noch beherrschbar.

Mittlerweile lässt sich sagen, dass mit ZUGFeRD eine Norm geschaffen wurde, die noch eine deutlich größere Zustimmung und Unterstützung in Deutschland genießt und unseres Erachtens – zumindest für Deutschland – der Standard für den Rechnungsaustausch mit und zwischen kleinen und mittleren Unternehmen wird (siehe Normen und Standards).

7.2.4 Lösungen für Rechnungseingang

Lösungen für den Rechnungseingang lassen sich sowohl über DMS- oder OCR-Anbieter als auch über SAP-Integratoren oder darauf spezialisierte Unternehmen erwerben. Die Lösungen sind teilweise sehr ähnlich, weil auch viele Lösungen durch Kooperationen und Integrationen entstanden sind. Dennoch hat jeder Anbieter vor seinem Hintergrund einen eigenen Fokus, den es genauer zu ermitteln gilt, weil er zu den Bedürfnissen des Anwenders passen muss.

Dies gilt nicht nur für Inhouse-Lösungen, sondern auch Dienstleistungsangebote werden aus unterschiedlichen „Lagern" angeboten, weil hier ein lukrativer Markt gesehen wird. Ob das Angebot den hohen Erwartungen an Professionalität und Zuverlässigkeit gerecht wird, ist genau zu prüfen.

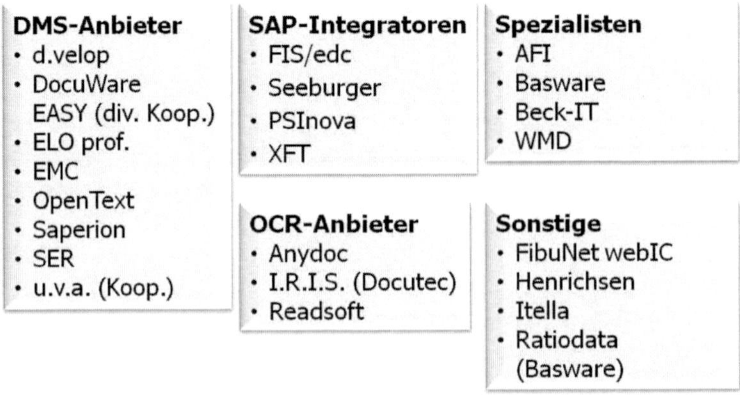

Abbildung 58: Ausgewählte Beispiele für Workflow-Anbieter

Einzelne Anbieter, die sehr früh in den Markt eingestiegen sind, sind aufgrund von Insolvenzen oder Fusionen nicht mehr präsent oder konzentrieren sich auf ihr angestammtes Kerngeschäft. Dafür gibt es kontinuierlich neue Anbieter, die teilweise auch Geschäftsmodelle im Endkundengeschäft offerieren.

Der Frage nach der Zukunftssicherheit des Anbieters und der strategischen Bedeutung seines Invoicing-Geschäftes sollte daher große Beachtung geschenkt werden.

7.3 B&L Marktübersicht

B&L hat im April 2012 eine Umfrage unter den bekannten Anbietern für unterschiedlichste Rechnungslösungen im deutschen Markt durchgeführt, um eine grobe Klassifizierung der Lösungen durchzuführen. Eine Ergänzung und Aktualisierung fand im Herbst 2013 statt.

Insgesamt wurden von 42 Anbietern (z.T. mehrere) gültige Fragebögen ausgefüllt. Einige Anbieter bieten dabei verschiedene eigene oder auch fremde Produkte an. Die Zahlenbasis stellt eine gute Grundlage für die Situation im deutschen Markt dar. Die meisten namhaften Anbieter haben sich beteiligt.

Dennoch existieren eine Reihe weiterer Produkte und Anbieter, die sich bisher noch nicht beteiligt haben.

In Deutschland besteht demnach ein umfangreiches Angebot an eRechnungs-Lösungen. Die Angebote haben jedoch stark unterschiedliche Konzepte und Zielrichtungen, von Teilaspekten wie Konvertierung, Signatur oder Freigabe-Workflow bis zur umfassenden Purchase-to-Pay-Lösung. Konzepte umfassen klassische Inhouse-Ansätze wie auch Cloud-Lösungen oder direkte Dienstleister-Anbindungen.

Die Herausforderung liegt in der Auswahl des jeweils am besten geeigneten Leistungsprofils.

Die wesentlichen bisherigen Ergebnisse beider Umfragen werden im Folgenden kurz skizziert.

7.3.1 Zielgruppe

Zunächst war festzustellen, für welche Kundengruppe Lösungen angeboten werden.

Die Frage lautete:

- Für welchen Prozess in den Unternehmen und welche Unternehmensgröße bieten Sie Produkte und/oder Dienstleistungen an?

Ergebnis:

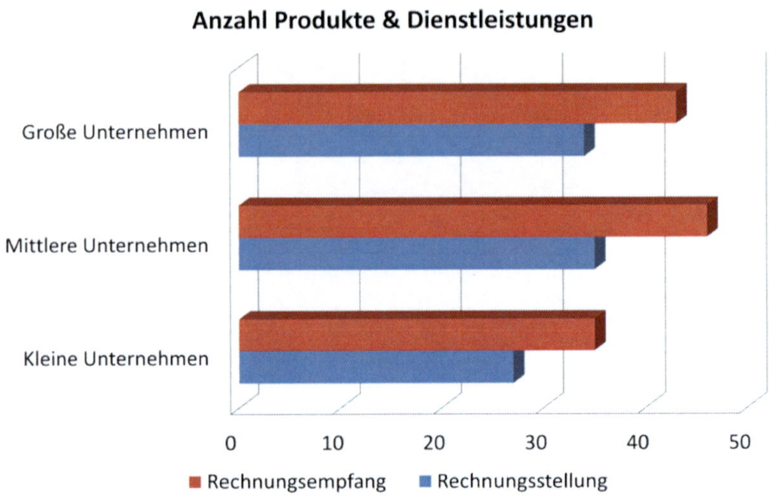

Interpretation:

- Die meisten Anbieter bieten Lösungsvarianten sowohl für Sender als auch für Empfänger verschiedener Größenordnungen an.
- Tendenziell werden mehr Lösungen für den Rechnungsempfang und für mittlere und große Unternehmen angeboten.

7.3.2 Kategorien

Da sich die Lösungsvarianten deutlich unterscheiden und die Anbieter unterschiedliche Schwerpunkte haben, wurde nach den Produktkategorien mit entsprechenden Vorgaben gefragt. Dabei war bereits vorgesehen, dass auch Software-Anbieter Dienstleistungen anbieten und auch Dienstleister – ergänzend – Software (z.B. Druckertreiber zur Datenerzeugung) anbieten.

Die Frage lautete:

- In welchen Kategorien bieten Sie Produkte oder Dienstleistungen?

Ergebnis:

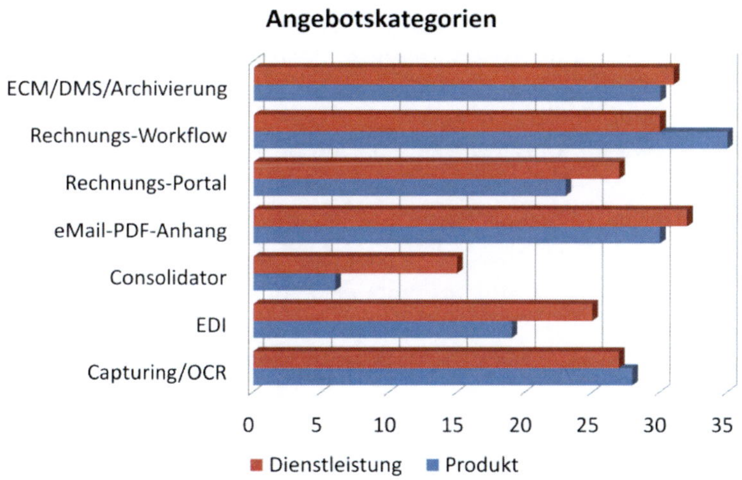

Interpretation:

- Obwohl es Überschneidungen gibt, existiert eine klare Zweiteilung zwischen Produktanbietern (Inhouse-Lösungen) und Dienstleistern.

- Zu beachten ist, dass zwar auch die Software-Anbieter Dienstleistungen anbieten. Allerdings gänzlich andere Leistungen (Support, Service, Beratung) darunter verstehen.
- Dies wird deutlich bei der Antwort „Consolidator". In dieser Kategorie gibt es naturgemäß deutlich weniger Anbieter, die auch nur zu einem geringen Teil (ergänzende) Produkte anbieten.

7.3.3 Standards

Da die ungenügende Standardisierung heute noch eine wesentliche Hürde für den problemlosen Austausch mit beliebigen Geschäftspartnern darstellt, wurden gezielt zwei Fragen mit entsprechenden Antwortvorgaben dazu gestellt.

Die erste Frage lautete:

- Welche grundsätzlichen Kommunikationsverfahren unterstützen Sie?

Ergebnis:

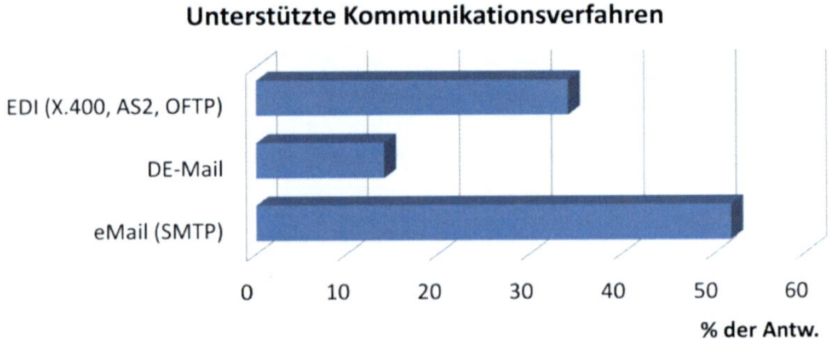

Interpretation:

- Alle Anbieter unterstützen die Kommunikation per eMail (22% Missing Values bezeichnet ungültige Fragebögen).

- Erstaunlicherweise unterstützen bereits 22% der Anbieter DE-Mail.
- EDI wird primär von den klassischen Dienstleistern und nicht von reinen Software-Anbietern unterstützt.

Die zweite Frage lautete:

- Welche XML-Standards für Rechnungsdaten unterstützen Sie?

Ergebnis:

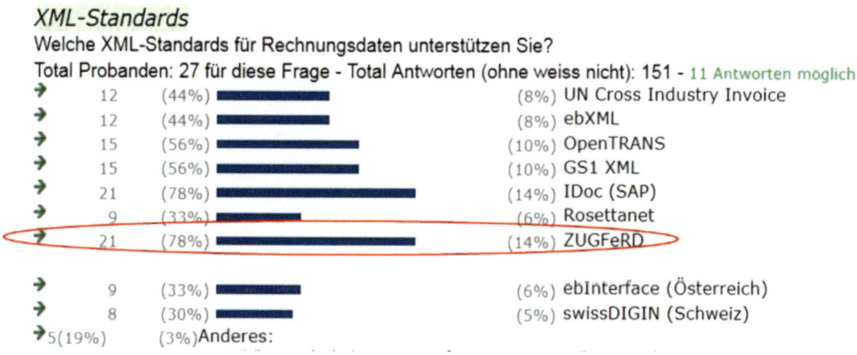

Interpretation:

- Viele Anbieter unterstützen keinen der genannten Standards.
- Kein genannter XML-Standard wird von allen Anbietern unterstützt.
- Obwohl ZUGFeRD erst seit Frühjahr 2013 auf dem Markt ist, hat es bereits im Herbst eine breite Unterstützung

7.3.4 Prüfungen

Bezüglich der in den Angeboten vorgesehenen Prüfungen wurden ebenfalls zwei Fragen gestellt, um einerseits zu sehen, in wieweit

Signaturen weiterhin eine Rolle spielen und um andererseits zu sehen, wie weit die Prüfungen gemäß §14 UStG in den Angeboten vorgesehen sind.

Ergebnis:

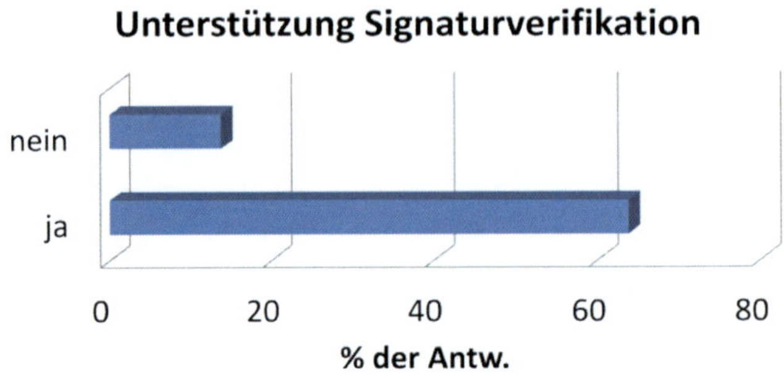

Interpretation:

- 37 von 45 Angeboten unterstützen die Signaturtechnologie.
- In der Praxis der Dienstleister werden bestehende Signaturprozesse nicht geändert, obwohl die Vorgabe weggefallen ist.
- Professionelle Angebote für Rechnungseingangsprozesse bieten diese Funktionalität unabhängig davon ob es sich um eine Inhouse- oder Dienstleisterlösung handelt.

Generell ist in der Praxis festzustellen, dass bestehende Lösungen mit Signatur weiterhin eingesetzt werden. Für neue Lösungen spielt die Signatur mittlerweile jedoch kaum noch eine Rolle.

Die Frage bzgl. der UStG-Prüfung erbrachte folgendes Ergebnis:

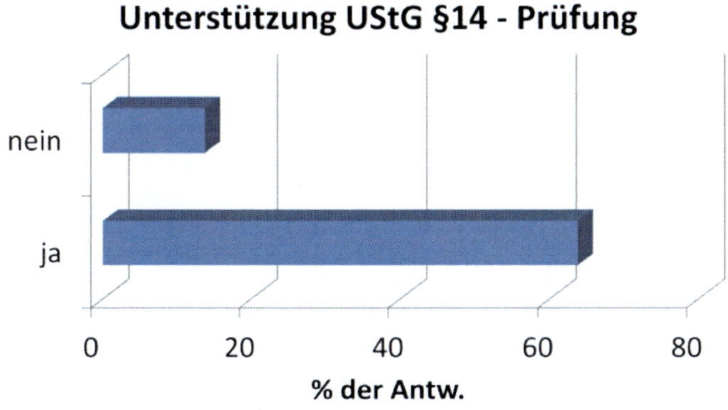

Interpretation:

- 37 von 45 Angeboten unterstützen Prüfungen gemäß §14 UStG.
- Professionelle Angebote für Rechnungseingangsprozesse bieten diese Funktionalität unabhängig davon ob es sich um eine Inhouse- oder Dienstleisterlösung handelt.

7.3.5 Workflow

Soweit Freigabe-Workflows geboten werden, ist für viele Unternehmen die Verbindung mit SAP von hoher Bedeutung. Die beste Integration (aber auch eine entsprechende Abhängigkeit) bieten naturgemäß Workflows, die direkt mit SAP-Mitteln realisiert wurden. Diesen Anteil galt es zu eruieren.

Die Frage lautete:

- Bieten sie einen SAP-integrierten Freigabe-Workflow?

Ergebnis:

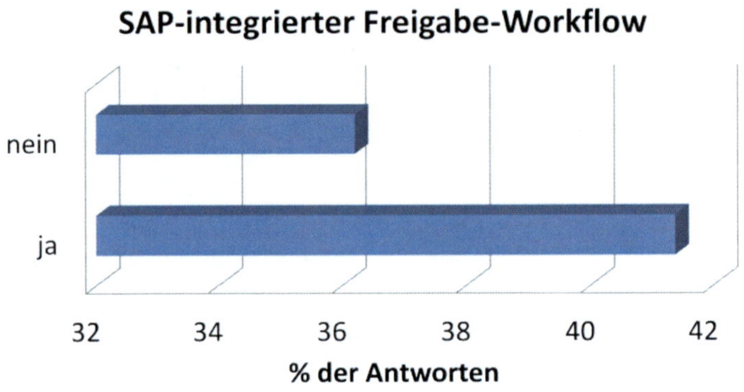

Interpretation:

- Nur 24 von 45 Anbietern bieten einen SAP-integrierten Workflow.
- Soweit unabhängige Workflows angeboten werden, lassen sich Daten mit SAP austauschen.

7.3.6 Archivierung

Da teilweise elektronische Rechnungen mit kleineren Geschäftspartnern ausgetauscht werden sollen, die häufig in der geforderten elektronischen Archivierung eine große Herausforderung sehen, war der Anteil der Angebote zu eruieren.

Dabei wurde hier nicht unterschieden, ob es sich um eine Dienstleistungs- oder eine Inhouse-Lösung handelt.

Ergebnis:

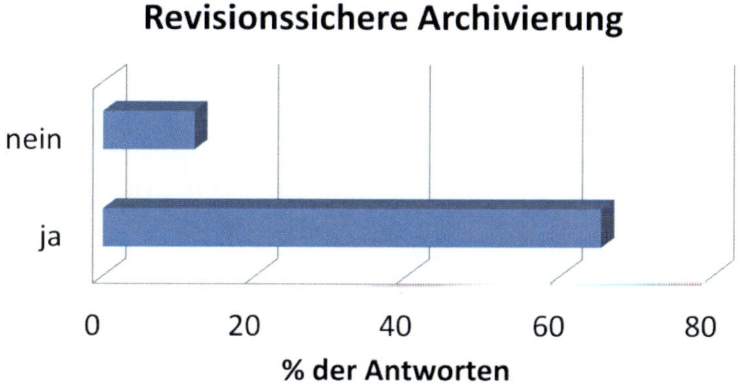

Interpretation:

- 38 von 45 Anbietern bieten auch Archivierungslösungen an
- Auch die Dienstleister bieten entsprechende Services, so dass die Beschaffung einer Inhouse-Lösung nicht zwingend ist.

8 Anhang

8.1 Rechtliche Vorgaben

- Umsatzsteuergesetz §14, §15

  http://www.gesetze-im-internet.de/ustg_1980/__14.html

- Abgabenordnung §145, §146, §147 (2), §200
  http://www.gesetze-im-internet.de/ao_1977/index.html

- GoBS - Grundsätze ordnungsmäßiger DV-gestützter Buchführungssysteme, BMF-Schreiben vom 7.11.1995
  http://www.bul-consulting.de/de/ecm-themen/linksadownloads.html
  und

- GDPdU - Grundsätze zum Datenzugriff und zur Prüfbarkeit digitaler Unterlagen, 16. Juli 2001, BStBl. I S. 415
  http://www.bul-consulting.de/de/ecm-themen/linksadownloads.html

- BMF-Schreiben vom 2. Juli 2012
  http://www.bul-consulting.de/de/ecm-themen/linksadownloads.html

- BMF-Schreiben vom 14. September 2012
  http://www.bul-consulting.de/de/ecm-themen/linksadownloads.html

8.2 Studien

In der Vergangenheit gab es sehr viele Studien unterschiedlichster Organisationen zum Rechnungsthema. Viele Studien beschäftigten sich mit der Signaturthematik und sind nun nicht mehr aktuell.

Generelle Studien zu den Finanzprozessen und deren Optimierungspotenzialen sind von den Wirtschaftsprüfungsgesellschaften erhältlich.

Aktuell können für die hier relevanten Fragestellungen empfohlen werden:

- Marktstudie 2013, Billentis (http://www.billentis.com/marktreport_e-rechnung_DE.htm)
- Elektronische Rechnungsabwicklung, Ibi Research (Neuauflage im April 2013 in Arbeit) (http://www.ibi.de)

Weiterhin gibt es eine Reihe von Studien, die direkt von Anbietern gesponsert wurden und auf deren Web-Seiten zu finden sind. Dazu gehören z.B.

- Global Electronic Invoicing, The State of AP Automation Worldwide, PayStream Advisors, gesponsert von GXS
- B2B Managed Services, Stanford Graduate School of Business, gesponsert von GXS

Weitere Studien findet man vor allem bei Basware und OB10.

8.3 Standards und Normen

Es existieren sehr viele Normen, die sich mit Rechnungen und speziell den Datenstrukturen befassen. Hier nennen wir bewusst nur die Vorgaben, die uns derzeit relevant erscheinen.

- AWV und FeRD (siehe http://www.ferd-net.de/front_content.php)
- CEN-Publikationen (siehe http://www.cen.eu/CEN/sectors/sectors/isss/activity/Pages/einvoicing_2.aspx)
- OpenTrans (siehe http://www.opentrans.org/ , seit 2011 kaum Aktivität)
- VeR, Verband elektronische Rechnung (siehe http://www.verband-e-rechnung.org)

8.4 Checklisten

8.4.1 Verlässlicher Prüfpfad (von PSP*)

Prüfung des verlässlichen Prüfpfad über folgende Kontrollfragen:

- Ist der Aussteller der Rechnung (mithin Erbringer der Leistung) bekannt?
- Wurden von diesem Rechnungsaussteller Lieferungen oder Leistungen bezogen und wird somit eine Rechnung erwartet?
- Sind sämtliche Angaben auf der Rechnung (insbes. USt-ID-Nummer/Steuernummer, Anschriften, Firmierung, Bankverbindung) korrekt? Können diese Daten fehlerfrei gegen die eigene Stammdatenbank abgeglichen werden?
- Wurde die ausgewiesene Lieferung/Leistung in korrekter Art, Menge und Preis bezogen? Lässt sich das mit Lieferscheinen, Wareneingängen abgleichen?
- Sind alle gesetzlich geforderten Pflichtangaben auf der Rechnung enthalten?
- Ist die Rechnung rechnerisch korrekt?

*PSP, Kanzlei Peters, Schönberger und Partner, München

8.4.2 Revisionssichere Archivierung

Sicherstellung von

- Ordnungsmäßigkeit
- Vollständigkeit
- Nachvollziehbarkeit
- Prüfbarkeit
- Sicherheit des Gesamtverfahrens
- Schutz vor Veränderung und Verfälschung

- Sicherung vor Verlust
- Nutzung nur durch Berechtigte
- Einhaltung der Aufbewahrungsfristen
- Dokumentation des Verfahrens

8.4.3 Organisatorischer Prozess Eingangsrechnungen

- Welche Rechnungen sind wie zu prüfen? Zentralisierbar?
- Welche ERP-Dokumentarten zu welchen Transaktionen?
- Vollständigkeit & Qualität Kreditorstammdaten? Aktualisierung?
- Umgang mit Sammelkreditoren?
- Anteil mit Bestellungen steigerbar? Bestellnr. auf Rechnung?
- Kommt Rechnung immer nach Wareneingang?
- Bestimmung der Adressaten für Prüfung und Freigabe?
- Stellvertreterregelung (was, wie?)
- Rücksendung fehlerhafter Rechnungen an Kreditor?
- Welche Rechnungskorrekturen sind wie erlaubt?
- Wann erfolgt Archivierung bei frühem Scannen?
- Rechnungseingangsbuch oder Archivrecherche auch für Prüfer, Freigeber?
- Erinnerungs- und Eskalationsverfahren wie?
- Nutzung von Automatismen (siehe eigene Checkliste)?
- Protokollierung (was, wie?)

8.4.4 Freigabe-Automatismen

- (K)eine technische Vorbelegung von Prüfer und Freigeber?
- (K)eine technische Prüfung der Stellvertretungsbefugnis?
- (K)eine technische Prüfung der Unterschriftsregelung (Zeichnungshöhe etc.)?
- Erinnerungs-, kein Eskalationsverfahren?
- Hinweis: Entkopplung vom Warenfluss bedingt, dass die elektronische Rechnung oft vor der Ware eintrifft

8.4.5 Technischer Prozess Eingangsrechnungen

- Welche Prüfungen können technisch in welchen Systemen erfolgen?
- Wo und wie können/sollen Dienstleister eingebunden werden? Nutzung von Portalen?
- Welche Formate für Dokument und Daten?
- Nutzung Signatur oder DE-Mail oder ePost-Brief?
- Einbindung Rechnungsprüfer ohne ERP-Account, z.B. Web-Oberfläche?
- Realisierung Rechnungseingangsbuch für Prüfer und Freigeber?
- Schnittstellen und Aufgabenteilung zwischen den diversen beteiligten Systemen, inkl. Workflow-System?
- Realisierung des Freigabe-Workflows im ERP oder außerhalb? Welche Systeme?
- Wie erfolgt Realisierung revisionssicherer Archivierung?

9 Glossar

Authentizität

Eine generelle Anforderung an die Rechnungsprüfung ist die Prüfung der Authentizität. Im Gesetzestext wird die Formulierung „Echtheit der Herkunft" verwendet. D.h. es ist zu prüfen, ob die Rechnung wirklich vom angegebenen Lieferanten kommt. Typischerweise erfolgt dies über einen Abgleich mit Lieferantenstamm- und Bestelldaten.

COLD

Computer Output on Laser Disk beschreibt ein Verfahren zur Übernahme von Ausgabedatenströmen wie Druckdaten (engl. Computer Output), die in DV-Systemen erzeugt werden, in ein Archivsystem. Dies können beispielsweise die Nettodaten für Ausgangsrechnungen sein, sofern alle Pflichtfelder nach §14 Umsatzsteuergesetz enthalten sind.

Die ursprüngliche Bedeutung von COLD (nämlich: Computer Output on Laser Disk) ist heute nicht mehr allein gültig. Die Daten werden nicht mehr oder selten auf Laser Disks gespeichert und das Verfahren wird zur Archivierung von strukturierten Daten als Listen, zur Archivierung von Druckoutput mit Strukturen und Layout-Informationen sowie zur Übernahme von Daten und Objekten zur Füllung von Datenbanken benutzt. Die COLD-Schnittstelle wird damit zur allgemeinen Import-Schnittstelle.

Dokumenten Management

Der Begriff umfasst die Handhabung von Dokumenten, von der Erfassung und inhaltlichen Interpretation, über die Verteilung, Bereitstellung und Weiterleitung, bis hin zum Ausdruck und zur Archivierung. Dokumenten-Management-Systeme, DMS werden häufig als Archivsysteme in kaufmännischen Bereichen eingesetzt.

EDI

Der Elektronische Datenaustausch (engl. electronic data interchange, EDI) bezeichnet grundsätzlich den Datenaustausch unter Nutzung elektronischer Transferverfahren. Geschäftsdaten werden dabei direkt zwischen den Computersystemen der Geschäftspartner ausgetauscht.

Im Rechnungswesen bezieht sich EDI auf den elektronischen Austausch strukturierter Rechnungsdaten, in einem vorher durch beide Geschäftspartner in einer EDI-Vereinbarung definierten Format.

eRechnung

Elektronische Rechnung wird typischerweise als Rechnungsaustausch in Form von Dateien, z.B. PDF über eMail und Internet definiert. Der Austausch von Rechnungsdaten gemäß dem *EDI*-Verfahren gehört zwar dazu, ist aber meist nicht Gegenstand der Diskussion.

Mit dem Steuervereinfachungsgesetz 2011 wurden in Deutschland elektronische Rechnungen und klassische Papierrechnungen gleichgestellt, um Geschäftsprozesse einfacher und effizienter zu machen. Dabei muss eine elektronische Rechnung für den Vorsteuerabzug folgende Voraussetzungen erfüllen:

- der Empfänger muss dem elektronischen Rechnungsaustausch zustimmen
- sie muss in einem elektronischen Format erstellt, gesendet, empfangen und verarbeitet werden
- menschliche Lesbarkeit muss gegeben sein
- die Echtheit der Herkunft und die Unversehrtheit muss garantiert sein

- alle Pflichtangaben des § 14 Abs. 4 UStG müssen vorhanden sein

Diese Voraussetzungen haben Rechnungsempfänger und -aussteller unabhängig voneinander jeweils in ihrem Verfügungsbereich sicherzustellen.

Elektronische Signatur

Unter einer elektronischen Signatur versteht man Daten, mit denen man den Unterzeichner identifizieren kann und sich die Integrität der signierten, elektronischen Daten prüfen lässt. Die elektronische Signatur erfüllt somit technisch gesehen den gleichen Zweck wie eine eigenhändige Unterschrift auf Papierdokumenten.

Bei elektronischen Rechnungen war eine sogenannte fortgeschrittene Signatur ursprünglich verpflichtend zur Sicherstellung von *Integrität* und Authentizität. Seit dem 01.01.2013 (in Deutschland bereits seit dem 01.07.2011) ist sie nur noch optional.

GDPdU

Die Grundsätze zum Datenzugriff und zur Prüfbarkeit digitaler Unterlagen (**GDPdU)** gelten seit dem 1. Januar 2002. Nach den **GDPdU** können Steuerprüfer der Finanzverwaltung steuerrelevante Unterlagen, die Unternehmen in digitaler Form vorliegen, von diesen auch in digital aufbereiteter Form anfordern. Dabei stellt das Finanzamt bestimmte Forderungen an die Aufbereitung der zu überlassenden Unterlagen.

GoBD

Die Grundsätze zur ordnungsmäßigen Führung und Aufbewahrung von Büchern, Aufzeichnungen und Unterlagen in elektronischer Form sowie zum Datenzugriff (GoBD) sollen die Nachfolgenorm von GoBS und GDPdU werden und befinden sich aktuell noch im Entwurfsstadium.

GoBIT

Die Grundsätze ordnungsmäßiger Buchführung beim IT-Einsatz hätten der Nachfolger der *GoBS* (Grundsätze ordnungsmäßiger DV-gestützter Buchführungssysteme) werden sollen. Sie bauen im Wesentlichen auf der Abgabenordnung und dem Handelsgesetz auf. Das Bundesfinanzministerium hat die GoBIT aber derzeit noch nicht anerkannt, sondern stattdessen die *GoBD* zur Diskussion gestellt.

GoBS

Die GoBS (Grundsätze ordnungsmäßiger DV-gestützter Buchführungssysteme) wurden 1995 als handhabbare Interpretation der Vorgaben aus Handelsgesetzbuch (HGB) und Abgabenordnung (AO) von der Arbeitsgemeinschaft Wirtschaftliche Verwaltung, AWV entwickelt.

Durch die offizielle Akzeptanz durch das Bundesfinanzministerium wurden sie zur Vorgabe für Buchungen in den Finanzabteilungen der Unternehmen.

Gutschrift

Prinzipiell können Gutschriften (Rechnungen des Leistungsempfängers an sich selbst zugunsten des Lieferanten) analog zu Rechnungen gehandhabt werden. Einige spezielle Vorgaben bzgl. der aufzubringenden Informationen wurden in 2013 mit entsprechenden BMF-Schreiben spezifiziert.

ICR

Intelligent Character Recognition ist eine Weiterentwicklung von OCR, die die Qualität der ausgelesenen Ergebnisse durch Vergleiche, logische Zusammenhänge, Abgleich mit Referenzlisten oder Prüftabellen verbessert. Häufig wird aber immer noch *OCR* als Überbegriff verwendet.

Integrität

Eine generelle Anforderung an die Rechnungsprüfung ist die Prüfung der Integrität. Im Gesetzestext wird die Formulierung „Unversehrtheit des Inhalts" verwendet. D.h. es ist zu prüfen, ob die Rechnung gültige Inhalte aufweist. Typischerweise erfolgt dies über einen Abgleich mit Lieferantenstamm- und Bestelldaten sowie formale und rechnerische Prüfung der Angaben auf der Rechnung.

Internes Kontrollsystem (IKS)

Ein Internes Kontrollsystem (IKS) besteht aus systematisch gestalteten technischen und organisatorischen Maßnahmen und Kontrollen im Unternehmen zur Einhaltung von Richtlinien und zur Abwehr von Schäden, die durch das eigene Personal oder böswillige Dritte verursacht werden können. Kontrollen wie bauliche und softwaretechnische Zutrittskontrollen oder schriftliche Weisungen zur Sicherheit oder zur Geheimhaltung von Betriebsgeheimnissen können sowohl prozessunabhängig, beispielsweise durch die Interne Revision, als auch prozessabhängig durchgeführt werden.

Managed Services

Eine allseits abgesegnete Definition für Managed Services gibt es nicht. Sie unterscheiden sich vom *Outsourcing* unter anderem in der Beziehung Anbieter – Anwender (one-to-one bei Outsourcing, one-to-many bei Managed Services). Managed Services sind hochgradig standardisiert und die Bindung zwischen Anbieter und Anwender ist deshalb häufig eher schwach ausgeprägt.

Im Finanzwesen großer Konzerne agiert häufig eine (ausgelagerte) Buchhaltung für mehrere Konzerngesellschaften. Das Gleiche gibt es für andere Verwaltungsaufgaben, z.B. Einkaufs-Services.

OCR

Bei Optical Character Recognition werden die Bildinformationen in maschinenlesbare Zeichen umgesetzt. Im Falle gescannter Rechnungen ist OCR von großer Bedeutung um aus dem gescannten Bild für die IT interpretierbare Informationen zu machen.

OCR wird für Maschinenschrift eingesetzt, wird aber auch als Überbegriff für jegliche Art der Schrifterkennung durch Software eingesetzt (s.a. *ICR*)

Outsourcing

Outsourcing steht für die langfristige Übertragung von Aufgaben oder Teilaufgaben, die ursprünglich im eigenen Unternehmen zu erbringen waren, an externe Firmen oder Dienstleister. Je nach Form und Umfang wird in die drei Grundformen

- **Application Service Providing** (Bereitstellung, respektive Nutzung von Anwendungen nach Bedarf),
- **IT-Outsourcing** (Betrieb der Infrastruktur und/oder der Systeme durch Dritte) und
- **Business Process Outsourcing** (Übertragung der Abwicklung von Geschäftsprozessen oder Teilen davon an Dritte).

PDF/A

PDF/A ist ein Format zur Langzeitarchivierung digitaler Dokumente, das von der International Organization for Standardization (ISO) als Subset des Portable Document Format (PDF) genormt wurde. Die Norm legt fest, wie die Elemente der zugrundeliegenden PDF-Versionen im Hinblick auf die Langzeitarchivierung verwendet werden müssen. Dabei gibt es sowohl zwingend vorgeschriebene als auch nicht zugelassene Bestandteile.

Derzeit existieren in der ISO-Norm 19005 drei PDF/A Versionen. Die aktuellste Version PDF/A-3 unterstützt die Einbettung von maschinenlesbaren XML-Daten in ein PDF-Dokument. Diese Kernfunktion nutzt u.a. das *ZUGFeRD* Format für elektronische Rechnungen.

Steuervereinfachungsgesetz

Laut der Gesetzesbegründung ist das Ziel des Steuervereinfachungsgesetzes 2011 die Rationalisierung und Modernisierung des Besteuerungsverfahrens. Steuerzahler und Steuerverwaltung sollen von Erklärungs-, Prüf- und Verwaltungsaufwand entlastet werden.

Größte Änderung im Bereich elektronische Rechnungen ist die Streichung der Signaturpflicht. Rechnungsaussteller und -empfänger müssen weiterhin die Echtheit, Unversehrtheit und Lesbarkeit der Rechnung sicherstellen, es steht Ihnen aber frei, wie sie das tun. Dies kann z.B. durch ein innerbetriebliches Kontrollverfahren, das einen Verlässlichen Prüfpfad zwischen Rechnung und Leistung schafft, sichergestellt werden.

Die genannten Regelungen resultieren aus den geänderten Vorgaben der EU im Rahmen der Änderung der Mehrwertsteuersystemrichtlinie.

Umsatzsteuergesetz

Die Verfahren zur Mehrwertsteuer (Umsatzsteuer) sind in Deutschland (und gleichnamig in Österreich) im Umsatzsteuergesetz geregelt. Da die EU seit langem versucht die Value Added Tax (VAT) zu vereinheitlichen, kommen die meisten Änderungen in den letzten Jahren aufgrund von EU-Richtlinien zustande. Das *Steuervereinfachungsgesetz* wurde somit im Wesentlichen innerhalb des UStG umgesetzt.

Wichtig sind vor allem §14, weil dort die formalen Anforderungen an eine ordnungsgemäße Rechnung definiert sind. Dazu gehören z.B. auch die erforderlichen Pflichtinformationen auf einer Rechnung. Weiterhin ist für Unternehmen §15 von großer Bedeutung, weil dort der Vorsteuerabzug geregelt ist.

Verfahrensdokumentation

In der GoBS wird die Erstellung einer Verfahrensdokumentation verlangt, um den Nachweis einer ordnungsmäßigen Erfüllung der Pflichten für die Aufbewahrung von Daten und Belegen gemäß Handelsgesetzbuch §257 Abs. 3 und Abgabenordnung §147 Abs. 2 zu erbringen. Die Verfahrensdokumentation beschreibt den gesamten organisatorischen und technischen Prozess der Entstehung (Erfassung) und Speicherung, dem eindeutigen Wiederfinden, der Absicherung gegen Verlust und Verfälschung und der Reproduktion der archivierten Informationen, die nach Handelsrecht und steuerrechtlichen Vorgaben aufbewahrt werden müssen.

Umfang und Aufbau einer Verfahrensdokumentation sind nicht vorgeschrieben. Qualitativ ausreichend und vollständig ist die Verfahrensdokumentation, wenn ein unabhängiger Dritter auf Basis der Dokumentation den ordnungsgemäßen Einsatz der Lösung überprüfen kann.

Verlässlicher Prüfpfad

Mit der Abschaffung der Elektronischen Signatur für elektronische Rechnungen (siehe *Steuervereinfachungsgesetz*) bekam der Begriff des verlässlichen Prüfpfades eine Bedeutung zum Nachweis der *Integrität* und *Authentizität* einer elektronischen Rechnung. Letztendlich geht es darum, nachzuweisen, dass eine Rechnung (egal in welcher Form) durch eine tatsächlich erfolgte Geschäftstransaktion begründet ist. Jegliche Prüfung, die diesem Zweck dient, z.B. im Rahmen der „normalen" Rechnungsprüfung oder des *IKS*, kann einen solchen verlässlichen Prüfpfad herstellen.

Workflow

Der Begriff umfasst die meist automatisierte Abbildung vordefinierter Abläufe und die Unterstützung der Bearbeitung der damit zusammenhängenden Prozesse durch entsprechende Systeme.

Im kaufmännischen Bereichen ist dies vor allem wichtig für – die teilweise sehr komplexen – Freigabeverfahren von Bestellungen und Rechnungen.

XML, Extensible Markup Language

Ist eine Syntaxvereinbarung zur Darstellung hierarchisch strukturierter Daten in Form von Textdateien. XML wird bei Rechnungen für den plattform- und implementationsunabhängigen Austausch der Rechnungsdaten zwischen Computersystemen eingesetzt.

ZUGFeRD

Vom Forum elektronische Rechnung Deutschland (FeRD) erarbeitetes gemeinsames übergreifendes Format für elektronische Rechnungen. Es ermöglicht die Übermittlung von strukturierten Rechnungsdaten in einer einzigen PDF Datei und die Weiterverarbeitung dieser ohne zusätzliche Schritte. Die XML-Rechnungsdaten werden dabei als Anhang gemäß PDF/A-3 in das PDF-Dokument eingebettet. ZUGFeRD-Rechnungen enthalten also zwei Darstellungen der Rechnung, wobei PDF/A-3 als bildliche Darstellung sowie als Container für die andere Darstellung (XML Daten) dient.

10 Verzeichnis der Abkürzungen

AO	Abgabenordnung
BMF	Bundesministerium der Finanzen
DMS	Dokumenten-Management-System
COLD	Computer Output on Laser Disk
EDI	Electronic Data Interchange
GoBIT	Grundsätze ordnungsmäßiger Buchführung beim IT-Einsatz
GoBD	Grundsätze zur ordnungsmäßigen Führung und Aufbewahrung von Büchern, Aufzeichnungen und Unterlagen in elektronischer Form sowie zum Datenzugriff
GoBS	Grundsätze ordnungsmäßiger DV-gestützter Buchführungssysteme
GDPdU	Grundsätze zum Datenzugriff und zur Prüfbarkeit digitaler Unterlagen
HGB	Handelsgesetzbuch
ICR	Intelligent Character Recognition
IKS	Internes Kontrollsystem
IT	Informations-Technologie
OCR	Optical Character Recognition
SaaS	Software as a Service
SLA	Service Level Agreements
UStG	Umsatzsteuergesetz
VeR	Verband elektronische Rechnung

11 Unternehmensprofil

Die Berater der B&L Management Consulting GmbH unterstützen im Rechnungswesen seit über 20 Jahren produkt- und anbieterneutral. Während ursprünglich die Bereiche Archivierung und Dokumenten-Management im Vordergrund standen, sind wir seit einigen Jahren verstärkt mit den Prozessen des Debitoren- und Kreditoren-Managements befasst.

Unsere Berater sind außerdem in verschiedenen Verbänden ehrenamtlich in diversen Arbeitskreisen aktiv. Dabei geht es sowohl um die Behandlung der steuerlichen und rechtlichen als auch um die technischen Aspekte moderner Rechnungsprozesse.

Vorgangsmanagement /BPM

Rechnungsprozesse

Dokumenten-Management

Archivierung

ECM-/DMS-Infrastruktur

- Strategie
- Potenzialanalyse
- Wirtschaftlichkeit
- Fachkonzept
- Anbieter-/Produkt-Auswahl
- Projektmanagement
- Verfahrensdokumentation
- Migrationskonzept

Leistungen bei Rechnungsprozessen

Unabhängige Beratung seit mehr als 20 Jahren

- Optimierung der Rechnungsprozesse
  - Debitoren und Kreditoren
  - Outputmanagement bis Freigabeprozesse
  - P2P und O2C
- Archivierung von Rechnungen
  - Scannen, OCR, eRechnung

Leistungen

- Potenzialanalysen
- Fachkonzepte eBilling, eInvoicing
- Anbieter-, Produkt- und Dienstleisterauswahl
- Verfahrensdokumentationen

Als neutrale Berater sind wir nur dem Kundeninteresse verpflichtet und können die Prozesse entsprechend optimal gestalten sowie geeignete Produkte und/oder Dienstleister auswählen.

Weitere Informationen zu unseren Referenzen finden Sie unter

http://www.bul-consulting.de/de/mandanten.html

11 Unternehmensprofil

11 Unternehmensprofil

11 Unternehmensprofil